元ＮＨＫ記者
森永満郎
Morinaga Mitsuro

川内産廃の闇

—知事、市長、経済界の裏側を裁判が照らす—

南方新社

本書は、地域情報紙「ミツロー通信」の中から、伝説と信仰の霊山、冠岳山腹の薩摩川内市川永野町に鹿児島県が建設した産業廃棄物処分場建設問題に関する記事を編集したものです。前著『知事との闘い』（南方新社発行）の続編です。

本文中の見出しの日付は、通信の発行年月日です。登場人物の肩書き等は当時のものです。表現、表記の不統一などについては、お許しください。

川内産廃の闇——目　次

はじめに

裁判の拠点　～平和荘～

伝説、信仰の山として名高い冠岳、その山腹、鹿児島県薩摩川内市川永野町に産業廃棄物最終処分場が建設されました。発表の直後から、場所選定の経緯、施設の安全性など住民は説明を求めましたが、納得できる説明がなく、回答を求める場を司法にもとめました。事前の調査、工事の進行などを見張ったのが現場近くの「平和荘」です。今は、場所を移し、裁判活動の拠点になっています。

見張り小屋の下を廃棄物運搬トラック（2016. 8. 1）

続く見張り活動　～裁判の証拠集め～

「産廃裁判」の旗が立つ平和荘は産業廃棄物最終処分場「エコパークかごしま」が操業に入ると、国道3号線寄りの道路脇に移り、出入りする廃棄物運搬のトラックの見張り活動を続けています。トラックを数え、搬入量を推計しているのです。

争点の一つ、採算性についての裁判の証拠集めのためです。1年間に4万tを受け入れると第3セクター事業の採算は採れ、税金の負担をかけないと公表されています。本当に年間に4万tも運び込まれるのか、それを住民は確かめるため記録しているのです。

エコパークかごしま

「エコパークかごしま」は2007年、平成19年5月に、計画を発表し、平成23年7月に着工し、平成26年12月に完成しました。標高516mの冠岳から流れる阿茂瀬川が脇を通り、勝目川、隈之城川に合流して川内川へ、そこから東シナ海へと注いで行きます。その間、川内地域最大の市街地を通過します。産廃処分場には、もっとも不適当な場所なのに、なぜという疑問が最初に起きました。用地代が5億円余りと不当に高い、工事に入ると77億円余りの競争入札による最初の契約を変更して18億円余りを上積みしたのは違法という2件の公金支出差止請求訴訟は係争中です。

エコパークかごしま
（「エコパークかごしま通信VOL.18」より）

安全性も争点

建設した伊藤祐一郎前知事は、知事の座は去っても責任を請求される立場は継続中です。

「エコパークかごしま」を運営する公益法人鹿児島県環境整備公社も、建設、使用、操業の差止請求の仮処分申請、続く本訴訟の被告です。

埋立地の面積は約4万700㎡、埋立容量は84万㎥、廃棄物の埋立容量は60万㎥、埋立期間は約15年間となっています。産廃処分場でもっとも心配なのが、

エコパークかごしま
埋立地内部（2016.8.1）

産廃処分場からの地下への漏水です。埋立地の底面部は、「遮水構造《しゃすい》」になっていますが、それに対する信頼性、安全性も裁判の争点の一つになっています。

埋立地

「エコパークかごしま」が毎月発表している搬入実績は、操業を始めた平成27年1月から、平成28年6月までの1年半に廃棄物2万280tです。

お椀型の埋立地の中では大型トラックも小さく見えます。狭くなっている底面には、この1年余りで廃棄物が3mの厚さになったので、安全管理のために50cmの厚さで「中間覆土《ふくど》」という採石を敷いたということです。

エコパークかごしま
埋立地内部　(2016.8.1)

また廃棄物が3mの厚さになったら、同じように「中間覆土」50cmを繰り返すといいます。

ごみ行政の闇

ここへ運び込まれるのは、産業廃棄物だけではありません。平成28年度に入って、薩摩川内市は「川内クリーンセンター」の一般廃棄物の持ち込みをはじめました。

その日その日の焼却灰などだけでなく、川内川の近くの埋立処分地を掘り起こして、冠岳山腹の産廃処分場に持ち込むようになったのです。

薩摩川内市は薩摩川内市で独自に対応すればいいものを、どのような話し合いで、なぜ、こういうことになったのか、なぜ、冠岳中腹なのかの疑問と

川内クリーンセンター埋立処分場
(2016.8.1)

重なる、「ごみ行政の闇」の部分です。

知事の座

鹿児島県の知事の座は、中央官庁、旧自治省、現在の総務省高級官僚の指定席といわれ、例外的な鹿児島県庁出身知事の後は、２００４年、平成16年7月11日、総務省出身の伊藤祐一郎氏が初当選し、連続3選し、前例を破り4選に挑戦した結果、民間人候補者に敗れ、退陣した。

伊藤知事が取り組んだのが、産業廃棄物最終処分場建設で、1期目に計画を発表し、2期目に着工し、3期目後半、２０１４年、平成26年12月に完成させ、翌年、平成27年12月議会で、4選出馬表明をしたのでした。

２０１６年、平成28年7月10日の選挙で伊藤知事は新人で元テレビ朝日のテレビコメンテーター三反園訓候補（58）に8万４０００票余りの票差を付けられ、落選し、7日27日で任期を終えました。「初の民間…」の見出しの新聞もありました。

被告の座

伊藤祐一郎氏は、知事は辞めても、産廃処分場建設にかかる公金支出差止請求裁判の被告の立場です。

裁判は、山場の証人尋問が、知事選挙をはさんで行われました。

最初は告示1週間前、6月14日、次が投票2日後、現職知事落選が決まり、残る任期2週間余りとなった7月12日でした。

証人尋問は、書面の応酬で経過する弁論とちがい、傍聴席からもその内容がよくわかります。

知事の計画以来、市民が疑問に思いながら、わからなかったことが明らかになりました。

最初の疑問が、建設場所の選定でした。

当時の担当者だった県庁職員が、「屋根付きの処分場が建設可能ということであります」と答えました。9年前の話が甦ります。

「公共関与による産業廃棄物の管理型最終処分場の候補地を選定いたしましたので報告させていただきたいと思います」

２００７年、平成19年5月8日、伊藤祐一郎鹿児島知事は、薩摩川内市川永野町の冠岳中腹で操業中の採石場を産業廃棄物最終処分場にする計画であることを記者会見で発表しました。

県内全域の29カ所の中から、４カ所に絞り込み、その中から1カ所を選んだと、資料を示して説明しました。選定した候補地についての説明に、知事の次の一言がありました。

「この地域は廃棄物の埋立地を屋根で被覆する、要するに屋舎の中に産業廃棄物を閉じこめることが可能な土地ではないかと考えています」

知事の説明は、これで、雨水が入り込むことなども防げるというように続くのですが、この一言はやがて、「原発ごみも持ち込まれる」という噂へとつながっていくのです。

一般のごみとして扱える低レベル放射性物質でも、「受け入れる施設は屋根付き」という解説付きの話のはじまりです。産廃と一般廃棄物と原発ごみの話が同時進行的に原発城下町に流れました。

当然、近くに川が流れ、その下流域には、多くの住宅が密集しており、産廃処分場として最も不適当な環境での選定に対する疑問は大きいのです。

地質も良くないところなのに、ボーリング調査が不十分という基本的な不安に行政が十分こたえないまま、計画が進むことへの住民側の選択は、司法の場での「知事との闘い」でした。

公金支出差止請求2件、建設工事差止仮処分申請、続く本訴訟へと、産業廃棄物最終処分場問題は、司法の場での「知事との闘い」へと進展していきました。

そうした中でも、初めからの疑問、「原発ごみ」を意識した問題が論じられました。

最初の公金支出差止請求から3カ月が立ち、鹿児島県側がいよいよ、着工しようという矢先の一場面です。

原子力発電所　～鎮國寺問答～

なだらかな峰が東西に延びる冠岳は昔からの伝説の山、信仰の霊山です。

東岳から中岳、そこに連なる西岳が標高５１６ｍの最高峰で主峰となり、薩摩川内市といちき串木野市の境界になっています。

西岳の頂上近くには高野山真言宗冠嶽山鎮國寺があります。

知事の産廃処分場計画発表から4年余りがたち、いよいよ着工という前の日、２０１１年、平成23年9月14日夕方、鹿児島県環境林務部廃棄物・リサイクル課の堀脇健一郎参事と財団法人鹿児島県環境整備公社の新川龍郎専務理事兼事務局長が鎮國寺を訪問しました。村井宏彰住職らが応対しました。鹿児島県の関係者の来訪は2度目です。

新川理事「直接、住職さんにご挨拶をしていなかったので、お前、まだ行っていないのかということもございまして、来たということ。そろそろ現場の方も進めさせて頂きたい」

村井住職「明日という噂もあるようで…。知事が最終決断ですか?」

新川理事「基本的には理事長（副知事）です。ただ、理事長は知事とご相談して…」

産廃処分場建設地決定の経過について、やり取りのあと住職は核心部分に触れます。

村井住職「何でこんなに稚拙に焦ってどんどんやるのか、これは他に理由があると思って、色々考えて、あっ、これは植村組と鹿児島銀行の問題だけと思っていたけど、それは間違いだった。後に九電の原子力発電所問題があったんだと気付いたんですよ」

新川理事「全く違いますね。一緒に仕事をして参りましたけど、その植村との関係というのは何もない」

村井住職「川内市が受入態勢が、原子力もそうですけど、非常にやりやすい。植村組の地元ですからね。もう何十人という鹿児島の経営者の方々がみんな教えてくれましたよ」

新川理事「噂話の類を超えていますよね。事実を確認して話された方がいいと思いますよ」と怒り爆発です。

新川理事「ご住職はじめ役員の方々が妨害の行為を、そういう事に参加される、信者の方がマイクロで動員されると、行政としては、宗教法人として、問題があるのではと…」

村井住職「それは裁判でやりましょう。宗教法人にそういう圧力をかけるならやりますよ」

新川理事「それはまた所管行政の方で…」

村井住職「おお、元気が出て来ました。やりますよ。宗教法人の活動に行政が圧力をかけるというのならやりますよ」

新川理事「いいですよ。私共は公社として所轄行政庁に問題はないか伺いながら…」

村井住職「今、認可権を持っている県の側が言われたことは私共にとっては立場を脅かされる恐喝だととります」

新川理事「立場というものがありますので…」

村井住職「分かってます。あなた達に怒っているのじゃない。知事に怒っている!」

「ここで行く」～知事～

これより3年前、知事計画発表より1年余りがたった2008年、平成20年8月20日、鹿児島県の環境生活部の高山大作部長、廃棄物・リサイクル課の前田哲志課長、新田福美参事付の3人が鎮國寺を訪問しています。村井宏彰住職ら3人の僧侶が応対しました。自薦他薦も含め、29カ所の中から、どのように候補地を決めたのか、その経緯を訊ねました。

県側は文献調査と現地調査、文献調査は書類とか、地図とか、写真とかで調べる、現地調査はそこに行って調べたという回答です。

村井住職「現地は何カ所、行ったのですか」

高山部長「川永野、1カ所だけです」

村井住職「29カ所のうち、たった1カ所だけというのはおかしいではありませんか」

高山部長「仕方がないじゃありませんか。ここで行くと言われたのですから、知事がですよ」

ほかの2人も判で押したように、知事の独断で選定されたというのです。

初めに結論ありき

このようなやり取りの挙げ句、高山部長ら3人は怒って帰って行ったそうです。

3年前のことながら、怒っているのは、鎮國寺側も同じです。今も知事への怒りを押さえようにも押さえきれないというような感じです。

村井住職の穏やかな話し方から次々に出て来ました。

「初めに結論ありきで、乱暴な決め方ですよ。県民を馬鹿にした行為だと思います。知事は県民の方を見ていない。

　これをこのままにしておくと、全国の霊山が公共事業の標的にされますよ。日本の自然と信仰は大きな危機にさらされることになります。

　全国の霊山、自然、信仰の問題です」

　住職の知事への怒りは3年前の出来事だけではなかったのでした。


（拙著『知事との闘い』より）

川内原発3号機増設計画（2009・01・23）

　2009年、平成21年1月8日、九州電力は鹿児島県と薩摩川内市に「川内原子力発電所の環境調査の結果報告と3号機増設のお願い」を文書で提出しました。1月23日夜、薩摩川内市川内文化ホールで、環境調査結果の説明会を開きました。1200の席は満席で、入場出来ない人も大勢いたようです。説明会は「3号機増設計画の概要」（30ページ）、環境影響評価準備書のあらまし」（18ページ）、「環境調査について」（25ページ）の3冊の小冊子が配られました。その中に「産業廃棄物」の項目があります。


「工事の実施に伴い発生する産業廃棄物については、全発生量は約19万6680t／年となりますが、発生量のほぼ全量にあたる約19万6180tを有効利用するとともに、有効利用が困難な残りの約500tの産業廃棄物は種類毎に専門の産業廃棄物処理会社に委託して適正に処分するため、環境への負荷は少ないものと考えられます」

「発電所の運転に伴い発生する産業廃棄物については、将来の年間発生量は、1～3号機合計で、約1506t／年となりますが、発生量の約90％にあたる約1340t／年を有効利用するとともに、有効利用が困難な残りの約166t／年の産業廃棄物は種類毎に専門の産業廃棄物処理会社に委託して適正に処分するため、環境への負荷は少ないものと考えられます」

　2011年、平成23年1月12日、九州電力は経済産業大臣に川内原発3号機の増設を申請しました。そこに、同年3月11日、東日本大震災、東京電力福島第1原子力発電所の惨事です。

　やがて薩摩川内市議会は、被災地復興に協力するために「震災がれきの受入決議」を議決します。

がれき、放射能汚染、産廃処分場が連鎖的に奇妙に関連して、冠岳山麓では、要望活動、裁判提訴など行動を活発化していきます。

不明、不明　～九州電力～

２０１１年、平成23年8月19日は、九州電力と鹿児島県への公開質問状の回答日です。

薩摩川内市から鹿児島市に出向きました。

午後2時、九州電力は鹿児島支社で広報グループの社員2人が対応しました。

「川内原発の解体された建物、あるいは炉など、原子炉の廃棄に伴い排出される様々な産業廃棄物（放射能を帯びているか否かにかかわらず）を産廃処分場で処分する予定はありますか」と端的な質問です。

九州電力側の回答は「不明」のひと言です。

次の廃炉計画にも「不明」、放射能が絡むと、「不明、不明」の連発です。

「産廃処分場と原発ごみ」をめぐり、その関連を印象付けることを狙う側と、それを打ち消すことに終始した側の1時間余りの実に静かなやりとりでした。

九電のすること　～鹿児島県～

午後4時前、鹿児島県庁の会議室です。

環境生活部廃棄物・リサイクル対策課と危機管理局原子力安全対策室の5人が応対です。

県側「公開質問は九州電力の廃棄物処理ということで、県としてお答えすることは何にもありません、以上です」

３団体側「知事は原発についてどうこう話しているのに、関心がないということか。知事は廃炉について聞いていないのか」

県側「聞いていません」

最初から県は強気です。

「知事は原発のことでいろいろ話しているのに、あなた方は知事の代理でしょう」

「それは、九州電力さんが…」などとやり取りしている途中で、ふいに県側が「自己紹介をしましょう」。

すかさず、「声が小さい、聞こえない。最初から最初から、やり直し…」

感情が先立つ荒れ模様の締めくくりでした。

行政がしたこと

伊藤知事「いつも申し上げていますように、民間がお造りになればそれでもいいと思いますが、鹿児島の場合には残念ながら今まで造られておりませんので、まず信頼性が高いと言ったら言い過ぎかもしれませんが、ある程度の信頼性をいただいている公共セクターが、まずは第一番目の管理型の最終処分場を造ろうというのが今回の我々の努力です」。知事は計画発表の記者会見で、公共、行政の信頼性を強調しました。

だが、この産廃処分場建設に関しては、行政がしたことは、「こんなことを公共、行政がするのか」という、市民の驚きと不信と、そして怒りを増幅させることでした。

4自治会に3億円の大金を「地域振興資金」と称して、あぶく銭をつかませること。

金の受け取りを拒んだ自治会は、分断して、その自治会分を分裂自治会に与え、同意調印をさせる。行政が公金を使って、地域を分断して、お互いを対立させて、抵抗勢力の力をそぐ。今時そんな行政手法が通用したこと自体が驚きでした。やはり、これも「原発城下町」だからでしょうか。

「県内唯一の産廃処分場」を強調する、その一方で、「一般廃棄物処理施設」としての体制を整え、操業開始1年後には、堂々と受入を開始する。こういうことって、全国にあるのだろうか。

公共を相手に、行政を相手に、3件もの裁判に冠岳山麓の住民たちは追い込まれて行きました。

法廷で同時進行している、「知事との闘い」の3件の訴訟は、県庁職員に法廷で直接、話を聞く、「証人尋問」が初めて行われました。

「行政がしたこと」を司法の場で明らかにしていく、「知事との闘い」はこれから山場に向かって進行していきます。これまでも、そうしたことの数々が司法の場で明らかにされてきました。本書は、その住民側からみた記録です。知事が交代して、行政にも、原発城下町にも、鹿児島にも変わってもらいたいという願いを込めての記録です。

第1章　知事の発表

公共関与　～知事記者会見発表～

２００７年、平成19年５月８日に鹿児島県の伊藤祐一郎知事が定例記者会見で発表したことから始まりました。

【伊藤知事】　公共関与による産業廃棄物の管理型最終処分場の候補地を選定いたしましたので報告させていただきたいと思います。

配布資料２に『公共関与の適地調査概要』として３カ所ほど記載させていただいております。

これまで県独自で調査しまして10カ所ほどの候補地がありました。また市町村からご提言があったのが８カ所です。企業から６カ所、個人から５カ所の候補地としての情報等がありまして、29カ所が今回我々が検討の対象にした候補地です。そしてこの候補地の一般的な要件である敷地面積、埋立容量、アクセスの利便性、用地の権利関係、法令上の規制の関係、地形や地質、周辺環境への影響等の調査を行い、適地の絞り込みを行ってまいりました。その結果がこの配付資料２でありますが、北薩地域で２カ所、県央地域で１カ所、大隅地域で１カ所の４カ所に絞り込んで細かい検討を行いました。

最終的には配布資料１にお戻りいただきたいと思いますが、薩摩川内市川永野《かわながの》地区の採石場跡地を候補地として選定したところであります。選定理由ですが、まず埋立容量50から60万㎥を確保できるということ、水処理施設や防災調整池等の必要な施設の配置が可能な敷地面積、約10haぐらいでありますが、それが確保できるということがまずあります。それから地域特性といたしまして、まずアクセスの利便性の問題があります。周辺２㎞以内には活断層がないということを確認しています。この土地全体を１企業が持っていますので、用地の確保は容易ではないかと考えております。そして農振法、自然公園法、森林法等の関係法令が色々ありますが、これらの法令による規制が少ないということも確認しています。

このように一般的な要件を満たしていることに加えて優位性でありますが、この土地は採石場跡地ですが、地質が不透水性の岩盤でありまして、地下水への浸透が考えられないような岩質の所でありますす。そして、私ども色々な整備地を考えましたが、

配付資料　1

候補地の概要について

1　所在地　薩摩川内市　川永野　地区（採石場跡地）

2　容量等　○容量　50～60万㎥

⇒窪地地形を活用し埋立容量を確保できる。

○面積　約10ha（[illegible]）

3　地域特性

○アクセスの利便性が良い。
・西回り自動車道 都IC～約5km，国道3号～約1.5km

○周辺2km以内に活断層が無い。

○用地の確保が容易。

○法令による規制が無い。
（農振法や自然公園法，森林法などの指定はない）

4　優位性

（1）　地質は，不透水性岩盤であり，地下水への浸透も考えられない。

（2）　廃棄物の埋立地を屋根で被覆することが可能
（雨水と浸出水を分けて管理できる）

（3）　処理水を河川へ放流せずに直接下水処理場へ搬送することが可能。

（4）　廃棄物の飛散防止も可能。

配付資料　2

公共関与の適地調査概要

	A 地 区（北薩地域）	B 地 区（県央地域）	C 地 区（大隅地域）
1 敷地面積 埋立容量	・約16ha ・約100万㎥	・約 8ha ・ 70万㎥以上	・約20ha ・100万㎥以上
2 アクセス	・西回り道から約15km （幹線道路沿）	・九州縦貫道から約12km （幹線道路から約1km）	・東九州道から約60km （幹線道路から約4km）
3 現 況 地 質	・山 林，休耕地 ・U字状の谷 ・側壁が不安定（[illegible]）	・田，休耕地 ・逆台形状の谷地形 ・底盤は安定（[illegible]）	・山 林 ・緩やかな斜面 ・底盤は概ね安定（[illegible]）
4 放流河川	・普通河川 ⇒ 東シナ海	・二級河川等 ⇒ 錦江湾	・二級河川 ⇒ 太平洋
5 周辺環境	・山林	・一部耕作中の田あり	・県立自然公園
6 用地状況	・私有地（約100筆）	・私有地（約30名） ・町有地（約50%）	・県有林
考 察	・放流河川流域に住宅がない ・地滑り地形 ・埋立地地盤に小河川あり ・市街地を車両通過 ・用地取得に時間を要する恐れあり	・交通アクセスに優れる。 ・搬入道の新設（約0.5km）が必要 ・放流河川流域に住宅連担 ・用地取得に時間を要する恐れあり	・県有地 ・交通アクセスが悪い ・県全域からの利用に難 ・搬入道の全面改良（約4km）が必要

	候 補 地
1 敷地面積 埋立容量	・約10ha ・50～60万㎥
2 アクセス	・西回り道から約5km （幹線道路から約1.5km）
3 現 況 地 質	・採石場 ・窪地地形 ・不透水性の岩盤
4 放流河川	・無放流が可能
5 周辺環境	・採石場，山林
6 用地状況	・全て社有地
考 察	・交通アクセスに優れる。 ・雨水，浸出水を分離する施設整備（屋根）が可能 ・用地の確保が容易

この地域は廃棄物の埋立地を屋根で被覆する、要するに屋舎の中に産業廃棄物を閉じ込めることが可能な土地ではないかと考えています。そうなりますと、いわゆる一般的な雨水と汚泥等から生じる浸出水とを分けて管理できると見込んでいるところであります。そうしますと、この浸出水、処理水です。西回り自動車道の都インターから 約5㎞、国道3号線から約1・5㎞という非常にアクセスの良い条件にあります。また、活断

（鹿児島県公表資料）

層についても文献等の調査を行いましたが、、河川に放流せずに直接下水処理場に搬送することも可能でありますので、それを探りたいと思います。そしてまた屋内にそれを閉じこめますので、廃棄物の飛散防止も可能ではないかと思います。従来、産業廃棄物の管理型最終処分場の整備にあたり懸念された色々な問題について、ほぼ対応できるのではないかと考えておりまして、他の地域と比べてそういう意味で最も適地であると判断したところであります。

（中略）

今の段階で皆様方に報告する内容は以上のとおりです。あとは何なりとご質問等いただければ、お答えさせていただきます。

民間事業の後始末　～企業調査資料～

【伊藤知事】「この土地はガイアテックという会社が所有しています。企業が自分たちで持っている土地について活用ができないかどうか考えたのです。確か5月くらいだったと思いますが、県の方に『自社としてここの可能性を考えているんだ』という話があり、私が承知したのが昨年6月くらいでした。企業は企業で、実際自分たちがやるつもりで調査もされたようです。ただ最終的には、採算的に難しいというのがだいたい今年の3～4月ぐらいで明らかになってきました。

そうであれば我々が第3セクターを使って、しかも国や県の補助金等を使って建設するということになると、建設コストがすごく安価になりますので、適地であるから、具体的な整備に向けての可能性を探ろうというのが今の段階です」

これでは民間事業の後始末ではないかという、批判的な声が直ちに上がりました。

まず公共関与

「いつも申し上げていますように、民間がお造りになればそれでもいいと思いますが、鹿児島県の場合には残念ながら今まで造られておりませんので、まず信頼性が高いと言ったら言い過ぎかも知れませんが、ある程度の信頼性をいただいている公共セクターが、まず第1番目の管理型の最終処分場を造ろうというのが今回の我々の努力です」。２００７年、平成19年5月8日に鹿児島県の伊藤祐一郎知事が、

「公共関与による産業廃棄物の管理型最終処分場の候補地を選定しました」と定例の記者会見で発表した時の質疑応答の締めくくりの発言です。

選定した所は標高516mの冠岳山腹にある薩摩川内市川永野町の植村組企業グループの採石場会社、ガイアテックの採石場です。

企業救済の疑い

【伊藤知事】「企業が昨年5月頃だったと思いますが、県の方に『自社としてここの可能性を考えているんだ』という話があり、いわゆるそういう動きがあるということを私が承知したのが昨年6月くらいでした。企業は企業で、実際自分たちがやるつもりで調査されたようです。ただ、最終的に先ほどもいいましたように、実は資金がものすごく長く寝るのです。造るまでに5年、埋め立てるだけで15年、そしてまたその後の管理が10年前後かかりますので、民間企業としてはそれだけ資金を寝かせて、長期に資本を抱え込むこと自体なかなか難しいということになり、しかも搬入する廃棄物が1t当たりいくらと、少なくともリーズナブルな数字がありますので、そうするとなかなか採算的に難しいというのがだいたい今年の3～4月ぐらいで明らかになってきました」

企業救済の疑いがもたれました。

改めて引継ぎ説明　～市議会産廃特別委～

知事発表後、薩摩川内市議会が産業廃棄物管理型最終処分場調査対策特別委員会を委員15人で設置し、6月1日に鹿児島県の担当者を参考人として招き、第1回目の委員会を開催しています。

鹿児島県は次のように経緯を説明しました。

「ガイアテックから4月18日に県の方にお話があった。元々、昨年の5月下旬、企業から採石場があるので、そこを有効に活用したいと話があり、その時は独自でという事でしたから、アドバイスをしながら進めてまいりました。ただし、事業費が大きい。70億円という話で、一企業では初期投資が非常に大きいなど、なかなかきびしいなということで、3月に最終的な調査がまとまり、社内で検討され、その結果、企業としては出来ないということで、4月18日に調査書も添えて、『県の方で出来れば』と申し出があったというのが経緯です」

知事は企業の調査書をもとに発表したのです。

調査費を県議会へ

委員会で県側は、「調査は7月以降、半年かかるものがあれば、1年かかるものもある。6月議会に調査費を提案する」と次のように説明しました。

「地質調査や地下水調査については、18年度からの繰り越し財源として2400万円、すでに計上してございました。生活影響調査、19年度が3500万円、大気とか、河川の水質、地下水の状況、希少動植物の関係などは1年間を通して行う必要があるというわけで、20年度の調査に係わる分については債務負担行為として、2500万円をお願いすることにしております」と7月から調査に入る見通しも述べました。

それにしても、民間が調査して出来ないような事業を行政が公共事業として引き受けるというのも珍しい。話が持ち込まれて3週間ほどで、それを発表というのもどこか不自然な印象で、それがその後の様々な騒動の要因になりました。

選定の経過 ～知事発表～

伊藤知事は候補地選定の経過として、県が独自に10カ所を調査、市町村から8カ所の提言、企業から6カ所の推薦、個人から5カ所の情報、以上29カ所が検討した候補地であったとした上で、北薩地域の薩摩川内市川永野といちき串木野市羽島、県央地域の蒲生町西浦、大隅地域の肝付町岸良の4カ所の適地の中から川永野に決め、外の場所は考えていないことを明らかにしました。

公共関与の候補地調査結果

廃棄物・リサイクル対策課

地域	No.	候補地情報 市町村名	候補地情報 地区名	調査箇所	調査結果 [illegible]	調査結果 アクセス[illegible]	調査結果 現況地質	調査結果 [illegible]	調査結果 [illegible]	調査結果 用地取得	調査結果 [illegible]の検討	推薦等の状況 市町	推薦等の状況 企業団体	推薦等の状況 個人	推薦等の状況 県独自
北薩	1	薩摩川内市	[illegible]	1	○	○	○	×	△	○	○		○		
	2	薩摩川内市	[redacted]	1	×	○	○	×	○	△	×				○
	3	阿久根市	[redacted]	1	○	×		○	×	×	×				○
	4	阿久根市	[redacted]	1	○	×		○	○	×	×				○
	5	いちき串木野市	羽島	1	○	△	×	○	×	×	×				○
	6	いちき串木野市	[redacted]	1	△	△	○	△	×	△	×				○
	7	いちき串木野市	[redacted]	1	○	△	○	×	×	×	×			○	
	8	日置市	[redacted]	1	○	△		×	○	△	×		○		
	9	さつま町	[redacted]	1	○	△		×	×	×	×	○			
小計		9箇所										1	2	1	5
南薩	10	川辺町	[redacted]	1	○	×		×	×	×	×				○
	11	鹿児島市	[redacted]	1	×	○	△	×	○	△	×			○	
	12	鹿児島市	[redacted]	1	○	○	△	×	×	×	×			○	
	13	鹿児島市	[redacted]	1	○	○	△	×	×	×	×		○		
	14	鹿児島市	[redacted]	1	○	○		×	×	×	×				○
	15	日置市	[redacted]	1	○	○		×	×	×	×				○
	16	日置市	[redacted]	1	○	○		×	×	△	×		○		
小計		7箇所											2	2	3
県央	17〜19	蒲生町	[redacted]	3	○	○		×	○	×	×	○			
	20	〃	西浦区	1	○	○	○	×	○	△	×	○			
	21	湧水町	[redacted]	1	○	○	△	×	○	○	×				○
	22	湧水町	[redacted]	1	○	○	△	×	○	×	×	○			
	23	霧島市	[redacted]	1	○	○	×	×	△	×	×			○	
	24	霧島市	[redacted]	1	○	○		×	△	△	×		○		
	25	霧島市	[redacted]	1	△	○		×	△	△	×				○
	26	霧島市	[redacted]	1	△	○		×	△	×	×			○	
	27	大口市	[redacted]	1	○	×		×	△	×	×		○		
小計		11箇所										3	2	2	2
大隅	28	肝付町	岸良	1	○	×	○	×	×	○	×	○			
	29	南大隅町	[redacted]	1	○	×		○	○	×	×	○			
小計		2箇所										2			
合計		29箇所										6	6	5	10

※ 調査結果の現況地質に表示がないものについては、[illegible]のみの調査を行った箇所である。

知事が検討したという29カ所がどこなのか、公文書開示請求で公開された一覧表では、例えば、薩摩川内市の場合、2カ所ありますが、黒塗りの地区は、海や川内川に近く、下流域にあたる方面の住宅などはるかに少ない場所のようだという噂が流れた程度でした。

川永野地区よりは立地条件が良さそうだという話題にはなったものの、市民が足を運んで現地を確認するということは出来ませんし、建設地選びへの疑問が膨らむだけで、「企業救済」の疑惑が大きくなるだけでした。

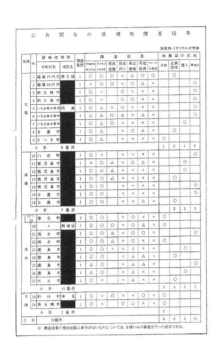

質疑応答

【伊藤知事】「蒲生町の西浦は、現在でも一番フィージビリティー（実現可能性）が高いと思います。町長さんも極めて熱心ですし、地元の理解も得やすいということでもありまして…」

なぜ蒲生町にしないのだろうかという疑問がわき「企業救済」疑惑へと結びつくのです。

建設が決まれば、県環境整備公社が土地を購入するか、借り受けるかして、処分場を建設し、運営するという、いわゆる公共関与による処分場となる構想を明らかにしました。

　建設には70億円の費用と手続き、手順を踏まえると、5年間の工期が必要という見通しも示しました。

　地元への説明は候補地から1km以内の集落、下流域の川永野と大原野の2集落、それに薩摩川内市の執行部と議会に行い、調査の合意を貫いたいという考えを示しました。

関係地区2自治会

【記者】先ほど地元の方々に説明をというお話がありましたが、航空写真で見せていただきますと、いわゆる周辺住民というところをだいたいどの辺を想定していらっしゃるのか。川永野地区及び大原野《おおばるの》地区に丸が付いているのですが。

【伊藤知事】だいたい候補地から1km以内の集落、しかも河川の下流域に向かってというのが、我々が関係の集落と考えている所ですので、この川永野地区と大原野地区のこの2つの集落については十分に説明したいと思っております。

特に川永野地区については、直接の下流域になるのではないかと思います。

【記者】細かいですが、世帯数は…。

【伊藤知事】川永野地区がだいたい45世帯、107名の方が今こちらにいらっしゃるようです。大原野地区が71世帯、178名というのが現状の生活状況のようであります。

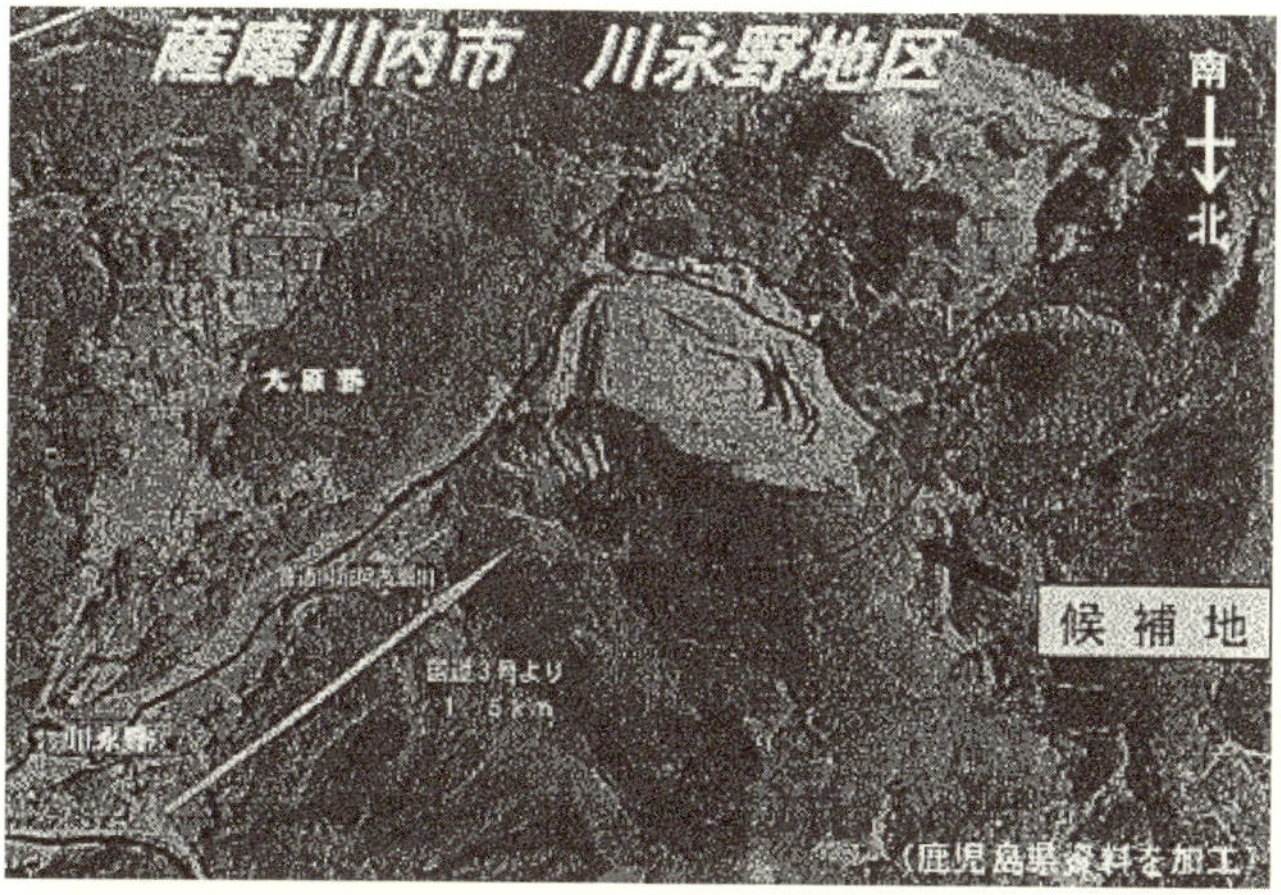

関係地区は2から4　～市議会で真相～

知事が「我々が考えている関係集落」というのは、「鹿児島県の指導要領」のようです。

5月12日は川永野町大原野自治会で、翌13日は川永野町川永野自治会で説明会を開きました。そして、18日に隈之城地区の自治会長へ説明した後、19日に百次町大原野自治会、20日に木場茶屋自治会で説明会を開いています。その前後に、勝目町や矢倉町でも説明会は開かれていて、関係地区の拡大がささやかれ始めました。

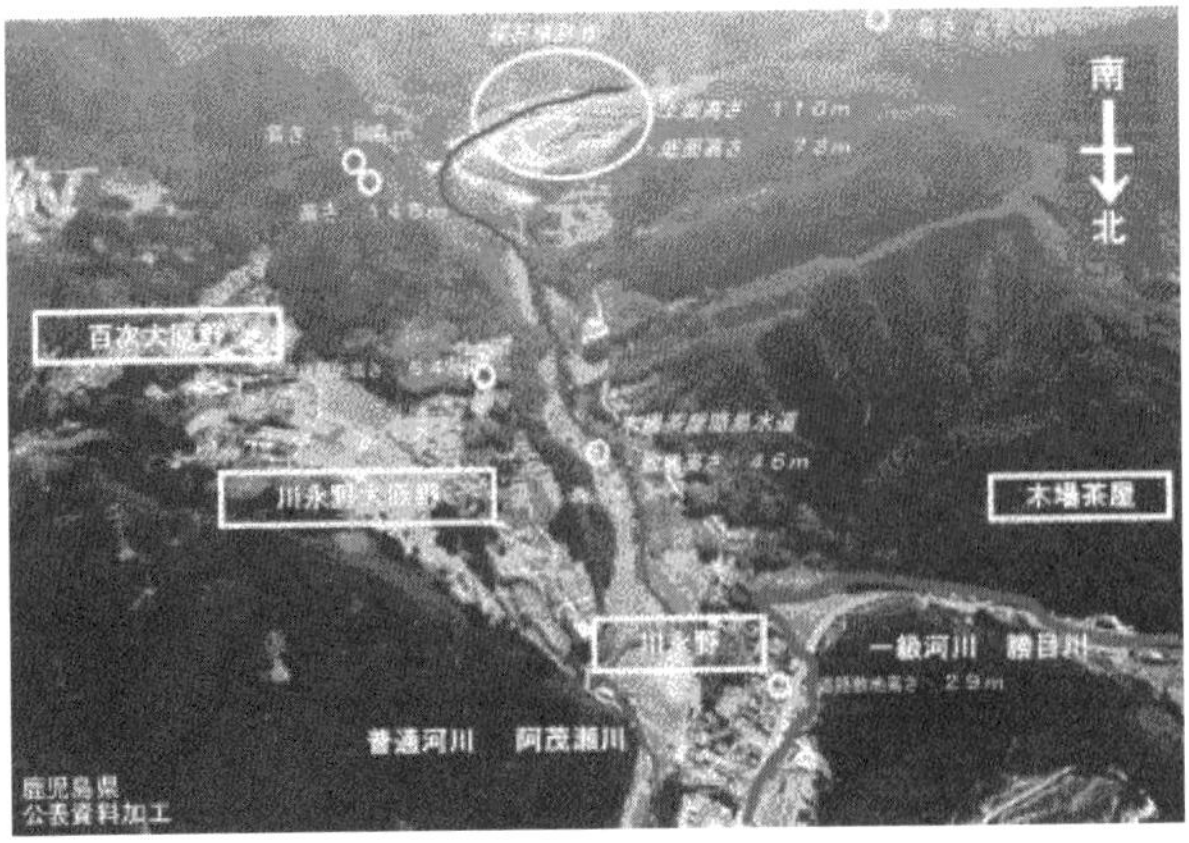

2週間ほど後にあると、「県は地元を川永野、大原野、百次、木場茶屋の4集落と設定(5／22・読売)、県は薩摩川内市の要請を受けて百次大原野と木場茶屋も地元と『定義』(5／23・南日本)」などと新聞が伝えました。「2から4」は、いわば「指導要領破り」です。理由がはっきりしないまま、関係地区は「2から4」になった真相は、知事発表から3年たった平成22年市議会6月定例会の一般質問で市長が打ち明けることになります。

平成22年6月議会　～薩摩川内市議会～
（2010・06・22）

◎市長（岩切秀雄君）「県の指導要綱では現場から1km以内ということが対象地域になっています。ただ、最初この話を持ってこられたときに、この要綱に従えば自治会は二つしか該当しないということであったわけですが、最初出されたときは市長と私が立ち会ってこの計画の話を聞きました。そのときに私のほうからは、それはおかしいということで、少なくとも木場茶屋の簡易水道がある以上は、4地域

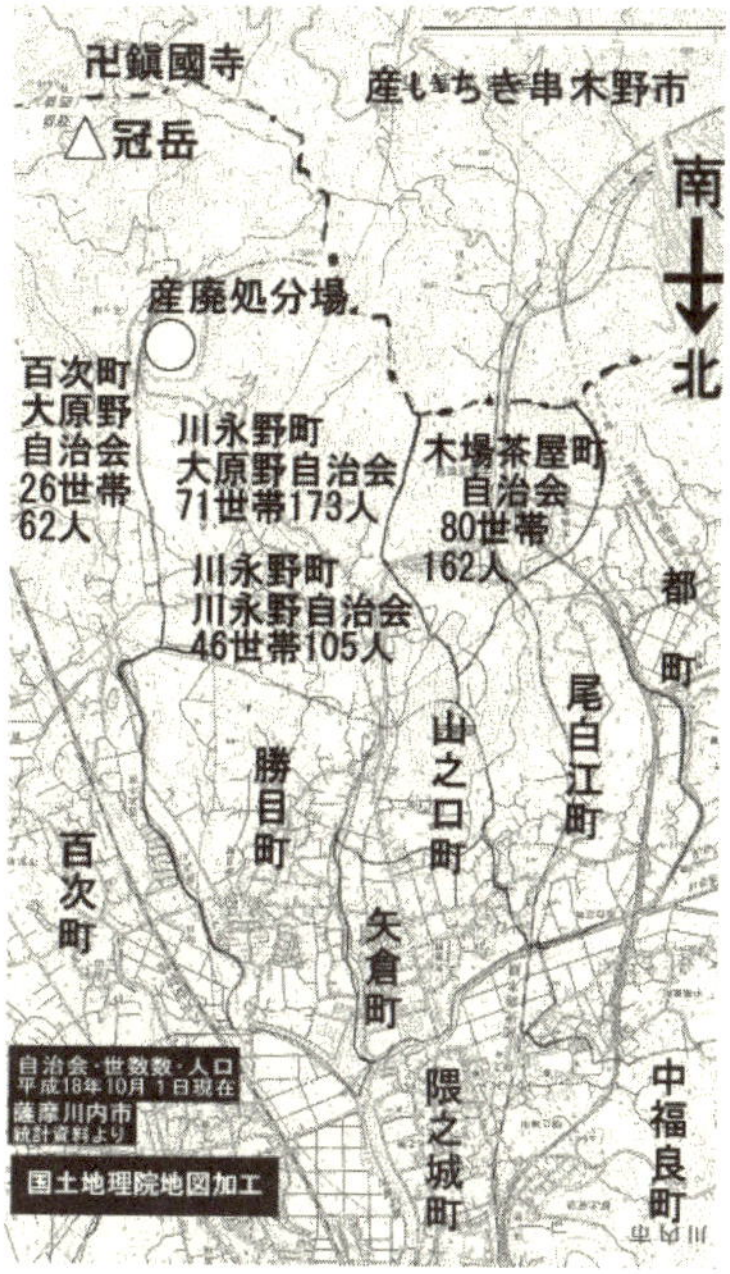

を対象にしてもらわなければ困るということで、最初の対象地域を二つから四つにしていただきました。これが基本に現在なっているわけです。それで、今御指摘の阿茂瀬川水系をずっと下っていきますと最終的には川内川までなるわけですが、その１㎞を超えるところについては、例えば水質検査を毎月するとか1年に何回するとか、何かそういうもので水質の検査はずっと今後するような意見は述べていきたいというふうに思っております」

（会議録より）

環境、人格、霊山　～法廷への導火線～

薩摩川内市では、知事発表前日の5月7日に森卓朗市長（当時）と岩切秀雄副市長（当時）が副知事から説明を受けています。

計画は、以前から伝わっていた印象です。

冠岳山麓を南から北に流れる阿茂瀬川、勝目川、隈之城川に合流して川内川に注ぐ下流域は、中心商店街を含む薩摩川内市最大の市街地です。

知事は「関係地区は１㎞以内」という広さと共に、

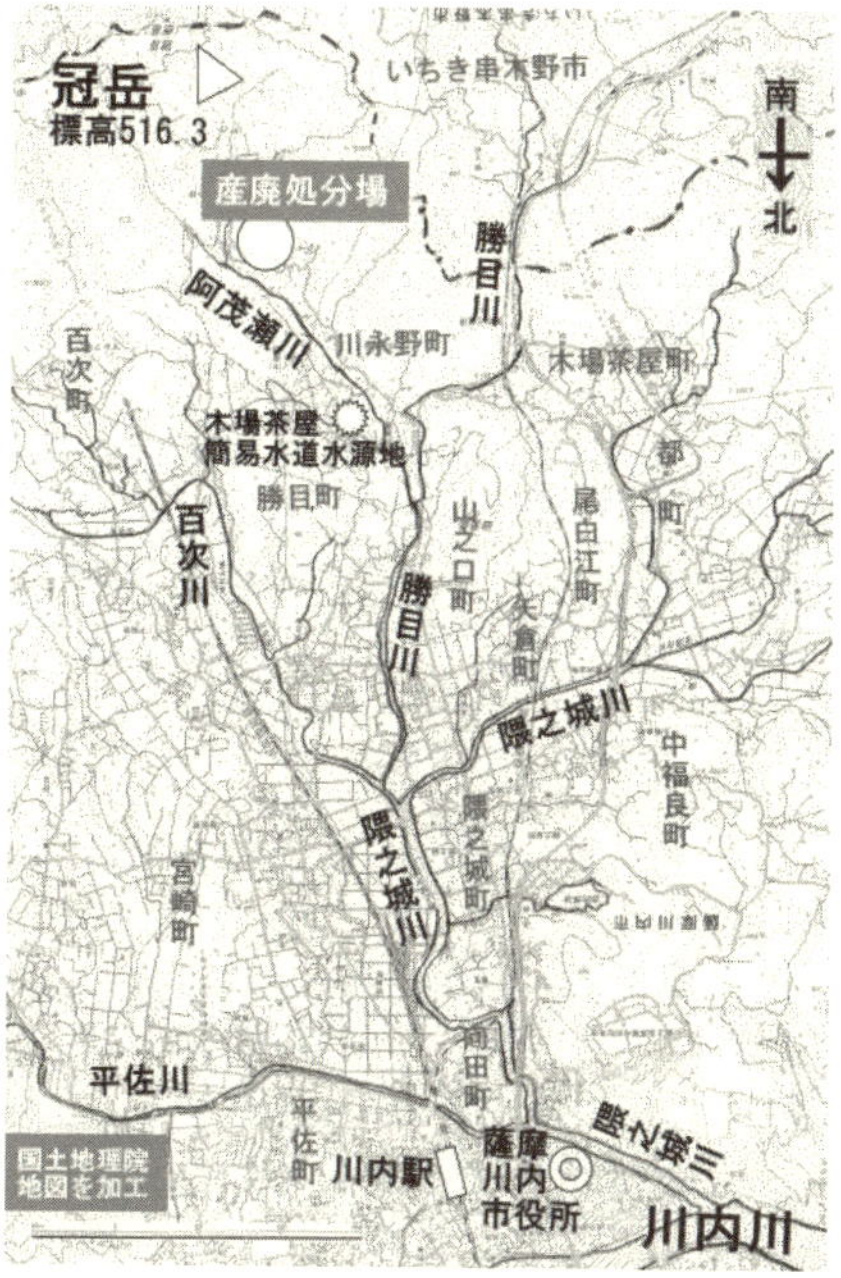

「河川の下流域」という地形を示しました。

だが追加の地区は東と西にあり、阿茂瀬川の下流域からはずれています。北側に広がる下流域の勝目町、山之口町、矢倉町などで不信、不満があがり、「指導要項破り」は、「知事との闘い」へと住民を駆り立て、流域の水利組合も合流しました。

徐福伝説で有名な伝説の霊山に開山している、「高野山天台宗冠嶽山・鎮國寺」も「神聖な山をごみ捨て場にしてはならない」と「知事との闘い」に動きました。環境権、人格権、霊山性を主張する法廷への行動の導火線となりました。

いい加減な計画　～浸出水処理～

【伊藤知事】「私ども色々な整備地を考えましたが、この地域は廃棄物の埋立地を屋根で被覆する、要するに屋舎の中に産業廃棄物を閉じ込めることが可能な土地ではないかと考えています。そうなりますと、いわゆる一般的な雨水と汚泥等から生ずる浸出水とを分けて管理できると見込んでいるところでありますそうしますと、この浸出水、処理水ですが、河川に放流せずに直接下水処理場に搬送することも可能でありますので、それを探りたいと思います。そしてまた屋内にそれを閉じ込めますので、廃棄物の飛散防止も可能ではないかと思います。

従来、産業廃棄物の管理型最終処分場の整備に当たり懸念された色々な問題について、ほぼ対応できるのではないかと考えておりまして、他の地域と比べてそういう意味で最も適地であると判断したところであります」

有害物質を下水道処理場へ　～浸出水処理～

産廃に含まれる有害物質の濃縮液のような浸出水を家庭排水を処理し、川内川に放流する薩摩川内市下水道処理場に運び込むという知事発言には、信じられない驚きがあったけど、発表発言に続く質疑応答で次のように述べています。

【伊藤知事】「毎日出る浸出水等も1日約30ｔぐらいでしょうか、ということであると、5ｔの運搬車で運ぶと5～6回で処分できるということもあり、そのあたりをどういう形で具体的に、実際の実施計画段階で詰めていくかがこれからの我々の課題でもあります」

「無理が通れば道理が引っ込む」という言葉があるけど、その後の展開を見るとこれはその典型的な場面のように見えました。

薩摩川内市はいとも簡単に知事の顔をつぶして見せましたが、県の職員はそうはしません。

知恵を絞って知事発言を取り消しました。

基本計画修正

知事発表から2年半後の平成21年11月の「公共関与による産業廃棄物管理型最終処分場基本計画」では、浸出水処理施設の③計画で「浸出水の処理水は河川へ放流せず、薩摩川内市の下水処理場へ搬出する」としています。

そして2カ月後の翌年、平成22年1月になると、次のように、計画の

内容を変更する形で、知事発言を取り消しているのです。浸出水処理施設③計画を「浸出水の処理水は河川へ放流せず、処分場内で循環利用するものとする」となっているのです。「基本計画の修正」は薩摩川内市議会産廃特別委員会で明らかにされ、知事発言への疑問を深くしました。

塩と汚泥は県外へ

処分場へ持ち込まれる産廃は大方が焼却灰だそうです。重金属類など燃えない有害物質が混ざっていますので、積み上げた上から散水するのだそうです。上から振りかけた水が底の方に浸み出す過程で毒物を溶かし込む仕組です。灰になった産廃の無毒化という、それが「安定化」というものらしいです。ただし、「毒」は灰から水に移動しただけ、消えはしないのです。修正前は、「排水基準」以下まで毒物を薄めて、下水道処理施設に持ち込む計画でした。修正後は、「脱塩処理」して、散水に再利用するようにしたのです。浸出水の塩分を抽出することです。相当な「年間45ｔ」の「塩」が発生するそうです。この産廃副産物は、量の「汚泥」も出るそうです。

県外に運んで処理してもらうそうです。知事が強調する「全国的にも模範となるような産廃処分場」の姿がこれなのかと、傍聴席で考えさせられました。

公共関与による産業廃棄物管理型最終処分場
基本計画　概要
平成２１年１１月　鹿児島県環境部

（3）浸出水処理施設

①　目的

浸出水に含まれる汚濁物質を除去し、浸出水による環境への影響を防止する。

②　基本的考え方

・　処理水は直接河川へ放流しない処理とする。
・　処理後の水質は排水基準（基準省令）を満たすものとする。
・　浸出水処理施設の能力は浸出水の水量や水質に基づき設定する。

③　計画

・　浸出水の処理水は河川へ放流せず、薩摩川内市の下水処理施設へ搬出する。
　なお、循環利用については、脱塩処理に設備費がかかることや発生塩の再生利用が困難なことから行わない。
・　処理後の水質は、排水基準（基準省令）及び薩摩川内市下水処理施設の受入基準を満たすものとする。
・　浸出水処理施設の能力は、浸出水の水量と水質が散水量や受入廃棄物の種類・量等により変動するため、その変動に応じた適切なものとする。
・　浸出水処理施設で発生する汚泥等については、周辺環境へ影響を与えないよう適切に処理する。

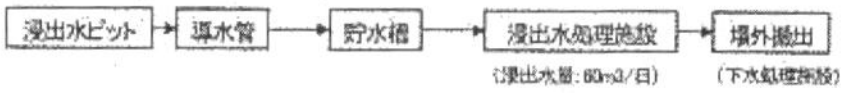

公共関与による産業廃棄物管理型最終処分場
基本計画　概要
平成２２年１月　鹿児島県環境部

（3）浸出水処理施設

①　目的

浸出水に含まれる汚濁物質を除去し、浸出水による環境への影響を防止する。

②　基本的考え方

・　処理水は直接河川へ放流しない処理とする。
・　処理後の水質は排水基準（基準省令）を満たすものとする。
・　浸出水処理施設の能力は浸出水の水量や水質に基づき設定する。

③　計画

・　浸出水の処理水は河川へ放流せず、処分場内で循環利用するものとする。
・　処理後の水質は、排水基準（基準省令）を満たすものとする。
・　浸出水処理施設の能力は、浸出水の水量と水質が散水量や受入廃棄物の種類・量等により変動するため、その変動に応じた適切なものとする。
・　浸出水処理施設で発生する汚泥等については、周辺環境へ影響を与えないよう適切に処理する。

第2章　自治会・市議会・市長・知事再選

自治会動く

２００７年、平成19年5月8日、知事記者会見で産廃処分場建設計画を発表しました。

鹿児島県は関係自治会へ説明しました。

説明はそれぞれの自治会館で、非公開でしたが、それぞれについて、報道されました。

5月12日夜、川永野町の大原野自治会でした。

5月13日午後1時から、川永野町の川永野自治会で行われました。

5月18日、隈之城地区コミュニティ協議会の自治会長。

5月19日、百次町大原野自治会で夜、説明会。

5月20日、木場茶屋自治会で説明会。

このころになって、川永野町大原野自治会の地域で、反対を表明する看板が立ち始め、16日に臨時総会を開いて、多数決で反対を決定したということが報じられ、反対の動きが表面化しました。

5月21日の南日本新聞は川永野町大原野自治会の和田岩男会長の話として、「住民約70人が出席。処分場建設への賛否を挙手で確認した」と伝えています。

同じ紙面で、川永野自治会は中立を確認したことを伝えています。

川永野自治会の堀之内一会長は「ほかの地域の動きとは関係なく、これまで通り、中立の立場で前向きに問題点を見いだしながら静かに見守りたい」と話したことを伝えています。

5月21日、勝目自治会。

5月21日、薩摩川内市議会臨時議会。

産業廃棄物管理型最終処分場調査対策特別委員会設置。委員は15人。

不信と不満
～市長所信表明～

知事の産廃処分場計画発表から4カ月ほど後２００７年、平成19年9月4日、薩摩川内市議会9月定例会が開会しました。

産業廃棄物管理型最終処分場対策調査特別委員会の新原

春二委員長です。

「公共関与による産業廃棄物管理型最終処分場に関連する諸問題に関する審査結果を報告いたします。（中略）鹿児島県として企業が行った調査資料についての答弁は控え、今回調査が初めてであることを明言しながら説明されたい。（中略）立地可能性等調査については、調査に反対している住民もいるから、地域住民の意見を十分受け止め、鹿児島県として謙虚な姿勢で地域住民に説明をされたい」

この後、森卓朗市長の施政方針演説です。

「平成16年10月、県内で1番目となる市町村合併により本市が誕生し、あと1カ月余りで3年を迎えようとしておりますが…」県内1番目の合併の目玉は「コミュニティ」でした。合併協議会では「コミュニティ政策調査研究プロジェクトチームまで編成して対応してきました。そのコミュニティ、自治会が動いて、大きな地域のうねりとなりました。矢倉自治会などの隈之城地区コミュニティ協議会は8月18日の臨時総会で「産業廃棄物最終処分場反対委員会」の立ち上げを決めています。

半年後に引退表明

「この施設につきましては、本県において必要な施設であることは承知いたすところではありますが、環境問題も含め住民の安心、安全が保たれることが不可欠だと考えております。今後、県は調査の進展に合わせて調査項目の結果を住民の皆様や市議会に説明していくとのことであり…」と述べました。

それから半年後の平成20年3月27日、森卓朗市長は薩摩川内市議会最終日に引退表明し、その後、薩摩川内市のホームページに掲載しました。「私こと高齢からくるところの健康上の問題で、今期限りで引退することにいたしました」

「地区コミ」と「守る会」

森卓朗市長が引退を表明する半年前、つまり本会議での「必要施設演説」の日と同じ日、平成19年9月4日の夜は、隈之城地区にある集会施設、セントピアで隈之城地区コミュニティ協議会が開かれました。

8月18日の臨時総会で立ち上げた、「産業廃棄物最終処分場反対委員会」が具体的な活動の指針となる「設置要綱」を決めたのです。

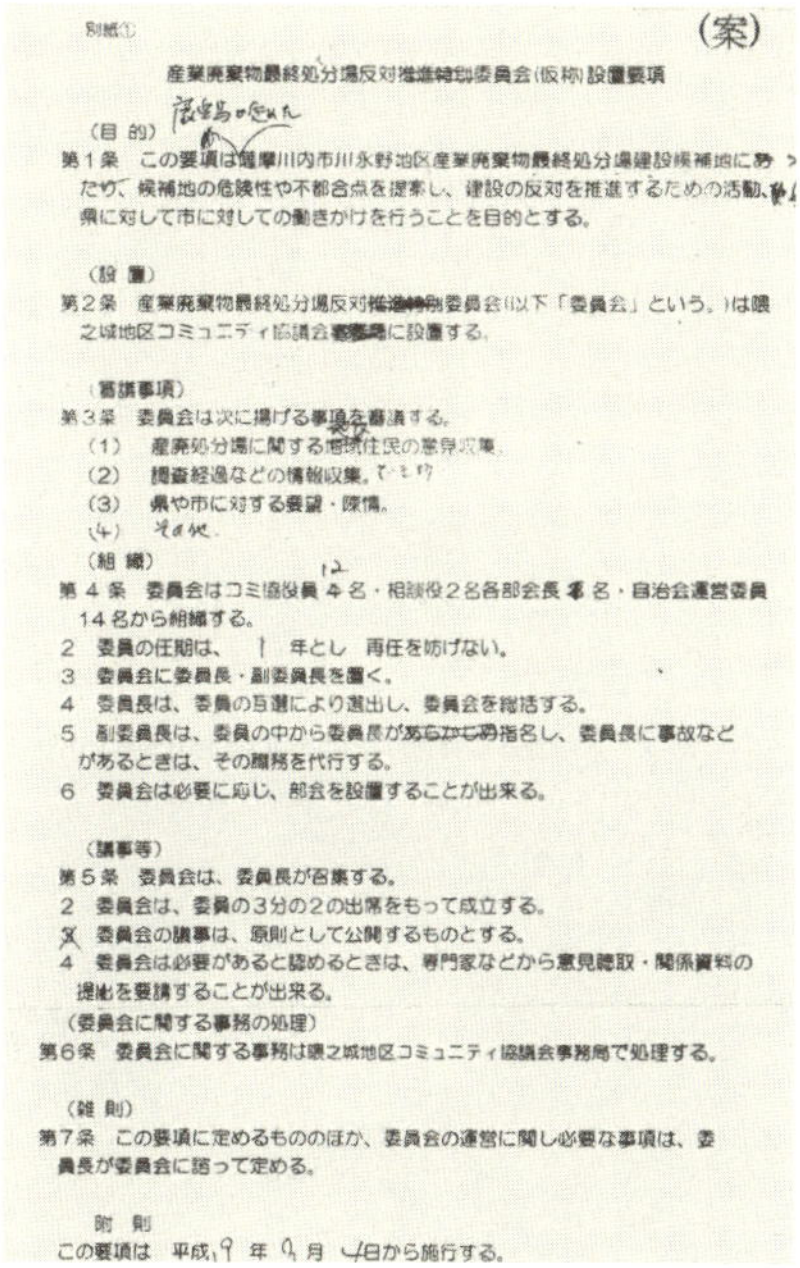

別紙①　　　　　　　　　　　　　　　　　　　　　（案）

産業廃棄物最終処分場反対推進特別委員会（仮称）設置要項

（目的）
第１条　この要項は薩摩川内市川永野地区産業廃棄物最終処分場建設候補地にあたり、候補地の危険性や不都合点を提案し、建設の反対を推進するための活動、県に対して市に対しての働きかけを行うことを目的とする。

（設置）
第２条　産業廃棄物最終処分場反対推進特別委員会（以下「委員会」という。）は隈之城地区コミュニティ協議会事務局に設置する。

（審議事項）
第３条　委員会は次に掲げる事項を審議する。
（1）　産廃処分場に関する地域住民の意見収集。
（2）　調査経過などの情報収集。
（3）　県や市に対する要望・陳情。
（4）　その他。

（組織）
第４条　委員会はコミ協役員 12 名・相談役２名各部会長 名・自治会運営委員14名から組織する。
2　委員の任期は、 1 年とし　再任を妨げない。
3　委員会に委員長・副委員長を置く。
4　委員長は、委員の互選により選出し、委員会を総括する。
5　副委員長は、委員の中から委員長があらかじめ指名し、委員長に事故などがあるときは、その職務を代行する。
6　委員会は必要に応じ、部会を設置することが出来る。

（議事等）
第５条　委員会は、委員長が召集する。
2　委員会は、委員の３分の２の出席をもって成立する。
3　委員会の議事は、原則として公開するものとする。
4　委員会は必要があると認めるときは、専門家などから意見聴取・関係資料の提出を要請することが出来る。

（委員会に関する事務の処理）
第６条　委員会に関する事務は隈之城地区コミュニティ協議会事務局で処理する。

（雑則）
第７条　この要項に定めるもののほか、委員会の運営に関し必要な事項は、委員長が委員会に諮って定める。

附　則
この要項は　平成19 年 9 月 4日から施行する。

委員長には地区コミ協議会長が就任し、副会長2人、さらに自治会連絡部会、女性部会など8部会と相談役、副部会長、書記、運営委員など24人の役員を配置しました。

隈之城地区ではもう1つ、自治会横断的な住民の集まり、「冠嶽水系の自然と未来の子ども達を守る会」が組織されました。

「地区コミ」と「守る会」の二段構えの地域運動が始動しました。

地区コミ活動を背景に、「冠嶽水系の自然と未来の子ども達を守る会」はすでに9265人の署名を集めて市長に提出する行動を行い、さらに住民行動を高めつつありました。

住民行動高揚（2007・09・11）

平成19年9月11日、夜7時から薩摩川内市天辰町の国際交流センターで「産廃問題講演会」を開きました。

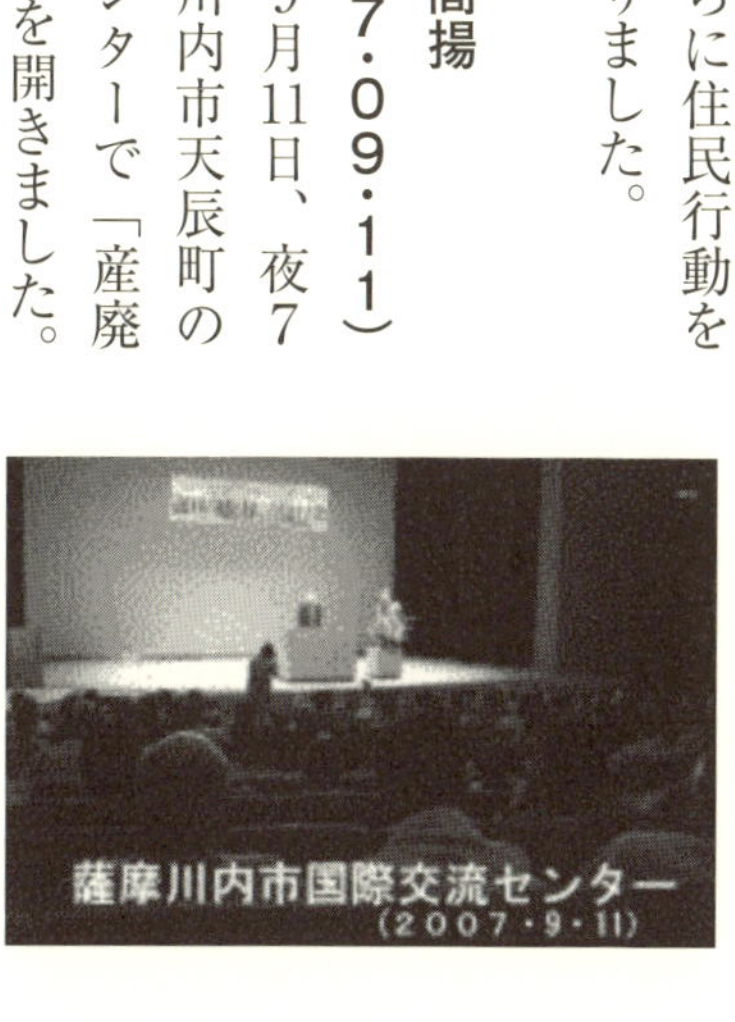

駐車場の整理、入口での資料配付など、役割分担を決めて来場者を迎えました。定数400席の会場は満席です。

薩摩川内市民の「知事との闘い」になる行動の新たな展開です。

司会進行ははその後の運動の中核的1人となる川畑清明副会長が務めました。

まず主催者の「冠嶽水系の自然と未来の子ども達を守る会」の山之口義和会長が「伊藤知事が5月8日に突然発表した、産業廃棄物管理型最終処分場川永野に決定というニュースを見て早や4カ月が経過しました。いま3万人の署名を目

標に活動し、チラシを配布し、理解を深める為に講演会を計画しました」と挨拶しました。
続いて隈之城地区コミュニティ協議会の野呂誠会長が「地区コミ48自治会に呼びかけ、県の説明会を実施し、発表から100日目に臨時総会で建設反対を決議した。この反対は安心安全な住みやすいまちづくりが最大の目標です。住民は産廃処分場に大きな不安を持っています。講演を聞いて理解を深めたい」と呼びかけました。

未来のため、子供のため

この夜の講演会の講師は福岡県の久留米第1法律事務所長の馬奈木昭雄弁護士です。

馬奈木弁護士は、鹿屋市での「産廃処分場工事禁止訴訟」で勝訴した住民訴訟の原告弁護団長をつとめました。

水俣病問題や福岡・筑豊の炭塵爆発遺族救済などの集団訴訟の実績があります。

「九州産廃問題研究会」会長という経歴の持ち主でもあります。

まず「安全とは何か」という問題です。「国が決

めた基準値以下だから安全だというのはウソです。水俣病が発覚する前、原因企業が海に流していた工場排水は、当時の国の基準では、基準値より低く、水道水にも使える水準だった。水俣病発覚の後、基準値が桁違いに厳しくなった。長い間の食物連鎖による生物体内での『蓄積濃縮』から、短期間で影響力を発揮する『環境ホルモン』の概念にまで広げ、未来のため、子どものための安全を考えなければならない。後で危険となった時に、誰が責任をとるのだ。『基準以下だから安全と言っちゃいけない。基準値が変わった途端にウソになります』。

　原子力発電所の安全性についても行政、電力会社側は、『放射能規模は規制基準以下、放射線の強さは規制基準以下』を繰り返す」

　馬奈木講演からは、産業廃棄物と原子力発電所に共通するような図式も見えました。

市中デモ行進　（２００８・０２・１０）

平成20年2月10日午前10時45分から薩摩川内市のど真ん中、向田の太平橋下川内川河畔におよそ200人が集まりました。2月2日付の「冠嶽水系の自然と未来の子ども達を守る会」の「デモ」の呼びかけで駆けつけました。デモ行進に先立って、次のような「アピール」文を読み上げました。

　薩摩川内市隈之城地区で燃え上がった運動が広がり、連帯の輪が大きくなっていくように見える場面です。

　「産廃場建設反対！、水源地を汚すな！、冠岳をごみの山にするな！、子ど

もを犠牲にするな!、知事は住民の声を聞け!、我々は計画撤回までがんばるぞ!がんばるぞ!」女性、高齢者、子どもまで、地域性を実感させる集団は産廃反対ののぼり旗、プラカードを掲げ、1時間歩きました。知事の発表以来、行政、議会が知事に追随している間に、市民は司法へと追い込まれました。「原告団参加のお願い」呼びかけとなり、自治会行動から住民訴訟へと向かったのです。

議会・選挙・市長

産廃特別委に参考人6人 (2008・06・30)

薩摩川内市議会産業廃棄物管理型最終処分場対策調査特別委員会は、継続審査となっている産廃処分場計画賛否の2陳情に決着を付けるために、6月30日午前10時から、賛成反対双方の立場の参考人を3人ずつ招いて開かれました。

この日、大勢の傍聴人が集まり、傍聴席に入れたのは先着順で30人だけ、同じほどの市民は別の部屋

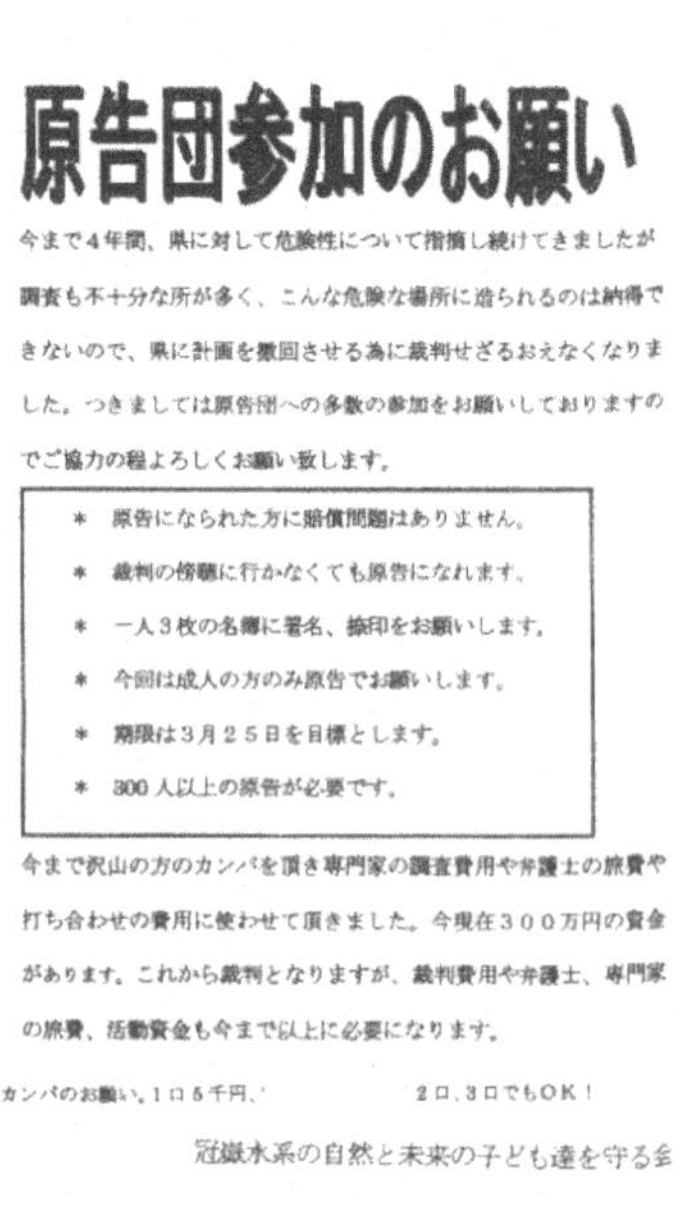

原告団参加のお願い

今まで4年間、県に対して危険性について指摘し続けてきましたが調査も不十分な所が多く、こんな危険な場所に造られるのは納得できないので、県に計画を撤回させる為に裁判せざるおえなくなりました。つきましては原告団への多数の参加をお願いしておりますのでご協力の程よろしくお願い致します。

* 原告になられた方に賠償問題はありません。
* 裁判の傍聴に行かなくても原告になれます。
* 一人3枚の名簿に署名、捺印をお願いします。
* 今回は成人の方のみ原告でお願いします。
* 期限は3月25日を目標とします。
* 300人以上の原告が必要です。

今まで沢山の方のカンパを頂き専門家の調査費用や弁護士の旅費や打ち合わせの費用に使わせて頂きました。今現在300万円の資金があります。これから裁判となりますが、裁判費用や弁護士、専門家の旅費、活動資金も今まで以上に必要になります。

カンパのお願い。1口5千円、　2口、3口でもOK!

冠嶽水系の自然と未来の子ども達を守る会

産廃処分場特別委員会
（2008.06.30）

でスピーカーで傍聴しました。

午前10時10分、新原春二委員長が、「参考人の紹介をします。まず川内商工会議所会頭の田中様であります。次に鹿児島県建設業会川内支部長の広瀬様でございます。次に鹿児島県産業廃棄物協会薩摩支部長、外薗様でございます。この際、委員会を代表して、委員長から参考人の方々にご挨拶申し上げます。（中略）本日は鹿児島県が薩摩川内市川永野地区を候補地としている公共関与による産業廃棄物管理型最終処分場に関連し、陳情を提出されている方々から、趣旨等について陳情を提出された方から直接聞くことが必要なことから、意見を聞くことになりました。よろしくお願いします」と丁重に参考人を紹介して、挨拶を行い、参考人の意見陳述、委員の質問という手順で始まりました。

建設促進

田中憲夫参考人（川北電工代表取締役会長）

「私達の地域に施設が出来ることにより、産廃を克服した地域として誇りの持てる地域作りをしていきたい。知事は最新の技術で全国のモデルとなる施設を作ると、明言されており、モデル施設への見学者が全国から集まり、経済的波及効果も大きいと思っております」

広瀬十士参考人（植村組取締役副社長）

「私ども業界では、年に数回ではございますが、道路や河川の愛護作業を行っていますが、田舎に行けば行くほど、明らかに家庭から排出されたであろう、不法投棄なるものが見られるようになりました。これらも少しは改善されるのではと考え、県内に造ってもらいたいと考えました」

外薗輝蔵参考人（外薗運輸機工代表取締役）

「県内では現在、産業廃棄物が年間4万t排出され、平成22年度には約4万9000tと予想されます。大半、半分近くが汚泥です。埋立可能な管理型最終処分場が平成3年に閉鎖されたから県内には1

カ所もなく、宮崎県や熊本県、福岡県等に搬出しています。
最終処分場が出来ると、企業進出も進み、地域の振興がはかられると考えます」

意見陳述が一通り終わると、杉薗道朗委員が「陳情を出すまでの経過を教えていただきたい。それぞれ、いろいろあったのではないかと思います。商工会議所も、建設業界も、産廃の方もそうだと思いますので」と質問。
次のように参考人の答弁です。
田中憲夫参考人
「常議員会、(議員)総会で、それぞれ経過を報告し、同意をいただだいた」
広瀬十士参考人
「定例役員会で満場一致で決めた」
外薗輝蔵参考人
「役員会で決定しました」
午前11時20分、新原春二委員長が「『冠嶽水系の自然と未来の子ども達を守る会』の山之口様でございます。
同じく『守る会』の松野様でございます。おなじく『守る会』の川畑様でございます」と建設場所見直しの参考人を紹介。傍聴席から拍手が起きると「拍手はしないで下さい」と委員長は厳しく注意。

場所見直し

山之口義和参考人(大原野自治会長)
「薩摩川内市には原発が2機もあるのに、さらに3号機の建設も計画されている。産業廃棄物最終処分場の必要性だけを強調しながら、薩摩川内市民に自然環境への心配、不安を押しつけようとしています。安心な生活を送り、次世代に安全な環境を残すために、計画の見直しを求めています」
松野　寛参考人(勝目後自治会長)
「1年間に及ぶ活動の中で産廃処分場が必要という気持ちは、充分持っています。しかし、人口減少が続く薩摩川内市の中で、発展が見込める隈之城の、それも水源地に産廃処分場を造った時どうなるのか。先ほどの3名の参考人の発言に、我々住民の安全、安心に対する配慮が無かったのは非常に残念です」

川畑清明参考人（山之口自治会長）

「まず冠嶽という事に『なんということだ』と思った。ふるさとのシンボル冠嶽にごみを捨てるとはなんということだと言うことです。県の説明はウソであり、まやかしである。この人達に造らせたら、命が幾らあっても足りないという思いが話を聞くたびに大きくなってきています」

地区コミはどこへ行った

知事の決断に一歩も引かない地域活動を展開している、その原動力は薩摩川内市が平成の市町村合併の目玉としている「地区コミュニティ協議会」です。知事発表の直後から、次々と自治会が臨時総会を開いて機関決定し、広がり、持続しているではないですか。なのに特別委員会では、自治会、地区コミュニティという言葉は聞かれない。「地区コミはどこにいったのか」という疑問が傍聴席にいて消えません。「地区コミュニティ協議会長を参考人に申請したけど、議会が断った」という話を聞きました。「行政の大きな力が働いているのだ」というつぶやきを耳にしました。

そういえば、この委員会開会中は、腕章を付けた市役所職員が大勢、いかめしく、委員会室の廊下にまで並んで警戒していました。

薩摩川内市議会始まって以来のことです。この警戒態勢は何のため、誰のためかと考えた時、行政と議会が市民に不信感を持っているのだという実感と市民の行政不信、議会不信という連想が同時に浮上しました。

傍聴者を厳しく見張る議会風景は原発誘致問題以来の事らしいが、反原発とは質が違う。

産廃問題は住民が主役の自治活動です。

建設促進採択

午後1時半から、委員会を再開して、採決しました。

特別委員会は15人で構成していて、採決は委員長を除く14人で行いました。

採決方法などでもたつきながらも、建設促進を求める陳情を10対4の起立多数で採択しました。

建設場所の見直しを求める陳情は賛成少数で不採

択となりました。

賛成4、継続1、反対9のようにみえました。

議会としては建設促進を求める意見書を知事に出す事も決めました。

未だ、県の調査も終了していないというのに、なぜ今なのか、ここから議員への不信感が議員定数削減への動きへと、次なる予兆を感じる場面でした。

選挙最中に促進意見書（2008・07・0）

平成20年7月2日、薩摩川内市議会6月定例会最終日も議場周辺は産廃特別委員会同様、市役所職員が警戒していて物々しい。50の傍聴席はまだ20前後の空席があり、静かなのに、やはり市民を信用できないらしい。議案は全部が可決、平穏に推移しました。産廃関連陳情も、委員会の結論通りに「建設促進を求める陳情」の採択議決を行い、「場所見直し議決を求める陳情」を不採択としました。そして、次のような採択陳情と同じ表題で「公共関与による産業廃棄物管理型最終処分場建設を求める」という、意見書の知事への提出も議決しました。

知事選挙応援

意見書案の提出者は薩摩川内市議会産廃処分場特別委員会の新原春二委員長です。

提案理由の中で「一日も早い実現を切望する」と業界団体の意向を代弁しています。

市議会の意見書提出の根拠は、「地方自治法第99条」です。

「地方公共団体の議会は地方公共団体の公益に関する事件につき意見書を国会又は関係行政庁に提出できる」とあります。

「公益」とは何かと考えました。

薩摩川内市議会は、業界団体の利益と考えているようです。なぜ、住民の陳情活動を不採択することによる、「反公益」的側面に配慮がないのか、考えてしまいます。

そうか、知事選挙で、「産廃問題の張本人」の現職知事への応援を最大限に表す決議でもあったのかと、傍聴席で納得することでした。

公共関与による産業廃棄物管理型最終処分場の建設促進を求める意見書（案）

鹿児島県が産業廃棄物管理型最終処分場の候補地として現在調査を行っている本市川永野地区の採石場は，強固で安定した岩盤地質との調査結果であり，国道３号並びに平成１９年３月に供用開始された南九州西回り自動車道「薩摩川内都インターチェンジ」からも近距離にあるなどの立地条件にも恵まれているところであり，その上，全国的に稀なクローズドタイプによる産業廃棄物最終処分場で安心・安全に配慮した施設が計画されており，また，管理面でも公共関与による責任ある体制で，厳重に管理・運営される施設になるものと承知しています。

産業廃棄物管理型最終処分場は，本県における循環型社会の形成や地域産業の振興を図る上で必要不可欠の施設であり，また，本市経済の浮揚の一助ともなるものであります。

ついては，公共関与による産業廃棄物管理型最終処分場の整備について，一日でも早く実現されることを切望いたします。

なお，産業廃棄物管理型最終処分場の整備を進めるに当たっては，安心・安全を確実に担保すること，情報公開を完璧に行い，地元住民の理解が得られるよう十分な説明を行うこと，地元住民の意見を尊重し，信頼関係を築くこと，並びに地域振興策について，地元住民や本市の意見を聴き，本市経済の浮揚につながるものになるよう努められることを，併せて要望します。

以上，地方自治法第９９条の規定により意見書を提出いたします。

平成２０年７月２日

鹿児島県薩摩川内市議会

（提出先）
鹿児島県知事

8月24日の知事　～3億円の手土産～（2008・08・28）

その日のテレビニュース

北京オリンピック最終日の8月24日午後、伊藤祐一郎知事は産廃処分場計画について、再度、薩摩川内市で説明をし､その模様は大きく報道されました。テレビニュースは白和町のホテルオートリの大広間を会場に、四隅に配置した長テーブルを囲んで、マイクを使って意見を述べ合う様子を撮影して内容を伝えました。

翌日の新聞はさらに詳しく、見出しは、南日本新聞は1面に「4自治会支援に3億円」､「地域振興『25億円程度』」、社会面では「4自治会集約揺れる」､「内部に『温度差』」､「知事、強い姿勢で『安全』」。朝日新聞は「県が二十数億円振興策」､「反対住民と溝なお」。毎日新聞は「3億円基金創設へ」､「候補地4自治会助成で」。読売新聞は「知事、20億円振興策提案」､「住民ら『話し合う時間必要』」。西日本新聞「地元振興に25億円提示」などが並びました。

出席者については、県が地元と定義する4自治会のうち、川永野、木場茶屋、百次大原野の3自治会、と43自治会で作る隈之城地区コミュニティ協議会の約100人と伝えています。

全員がいっしょではなく、前回同様、各団体、1時間ごとに別々で、大原野自治会は1回目と同じように出席を拒否し、「冠嶽水系の自然と未来の子ども達を守る会」の会長を兼ねる山之口義和自治会長は地区コミュニティ協議会の場に出席しました。

中立宣言をした川永野自治会は9月はじめに総会で意見集約をはかる。

木場茶屋は反対決議はしているが、もう一度話し合い結論を出す。

同じ反対表明の百次大原野自治会は「やむを得ないという人もでてくるかも」など、複雑な住民感情を、自治会長などの談話を交えて伝えています。

地域対策の舞台裏

賛成反対双方共に目を引いたのは知事の手土産の地域振興策の「4自治会への3億円」でした。振興策を「排出業者が負担する産業廃棄物税を15年間で計6億円と見込み、半額の3億円で「基金」を創設して地元還元するという考えを示した」との報道です。

「3億円基金」は驚きです。

これには、報道されることのなかった、薩摩川内市議会をも取り込んだ、周到な舞台裏での準備がありました。

森卓朗市長は、8月19日、9月議会開会初日の市政方針で次のように述べています。

「県産業廃棄物管理型最終処分場については、今月6日に知事と面談し、地元への説明の在り方や徹底した情報公開、施設の安全性、地域振興などについての意見交換を行ったところであります」

産廃施設同意書

8月6日、森卓朗市長と知事、県庁会談。

薩摩川内市が知事へ要望書提出。

8月24日、知事が25億円地域振興策を発表。

8月27日、森卓朗市長が「公共関与による産業廃棄物管理型最終処分場に係わる意見書」を知事に提出しました。

意見書では「整備地決定とは処分場の立地は可能

以上のことを踏まえ，今回県が整備地に決定することについては，関係地域の住民感情を思う時，複雑な想いも感ずるが，循環型社会の形成や，公共の利益という点に鑑み，真にやむを得ないものと思慮する。

なお，今後法律や県要綱に基づき，処分場整備に必要な手続を踏まれていくものと思われるが，本市議会の意見を最大限尊重し，次の事項について全力で取り組まれ，市民に理解を得て信頼関係を築いていただくよう強く要請する。

【施設の安全性について】

全国のモデルとなる安全・安心な施設整備と施設運営をすること，

これまで地域住民等から出された意見については，十分配慮し計画に反映すること。

なお，施設整備にあたって住民の求める情報については徹底して開示し，施設運営には，地元住民の参画並びに意見が反映できる体制に努めるとともに情報公開に徹底して取り組むこと。

【住民への説明責任について】

地域住民の懸念を解消し理解を得られるよう，今後とも誠実な対応と丁寧な説明を行うこと。

【地域振興策について】

地元４自治会の地域振興策については，地元の意見を踏まえ特段の配慮をすること。

また，隈之城地区・永利地区の地域振興をはじめ，市の一体的な浮揚，合併後の一体感醸成を図る事業について市並びに地域の意見を聞いたうえで最大限の努力を行なうこと。

㊢

薩環第５５７号
平成２０年８月２７日

鹿児島県知事　伊藤　祐一郎　殿

薩摩川内市長　森　卓朗

公共関与による産業廃棄物管理型最終処分場に係る意見について
（回　答）

かねてから本市行政の推進に御高配を賜り厚く御礼申し上げます。

さて，平成２０年８月８日付け廃リ第２１６号で照会のありました標記の件につきまして，下記のとおり回答します。

記

産業廃棄物管理型最終処分場は，本県における循環型社会の形成や地域産業の振興を図る上で，必要不可欠な施設であると理解している。

昨年５月に，県は本市川永野地区を候補地と決定し，本年７月まで立地可能性等調査を実施されてきた。

整備地決定とは，処分場の立地は可能であり，処分場を整備するために，具体的な計画を進めていく手続きを始めることと理解している。

これまでの県の立地可能性等調査結果によると，処分場を建設するために障害となるような欠陥や，周辺環境に影響を与えると懸念される要素はない。

本市議会も処分場建設促進の陳情を採択している。

地域住民の中にもいろいろな意見があるが，その懸念に対しては県が引き続き説明し，全責任を持って安全・安心な施設の建設，運営に努めていかれるということであり，知事もそのことを明言されている。

であり、処分場を整備するために具体的な計画を進めていく手続きを始めることと理解している」とし、「循環型社会の形成や、公共の利益という点に鑑み、真にやむ得ないものと思慮する」と計画受け入れを表明し、「市の一体的な浮揚、合併後の一体感醸成を図る事について市ならびに地域の意見を聞いた上で最大限の努力を行うこと」と結んでいるのです。

市民の噂　〜市議会一般質問（2008・09・01）〜

佃昌樹議員は「産業廃棄物処分場について、これまでの流れで感ずることは、全く、市と県知事のスケジュールに乗った形で薩摩川内市の議会決議がなされ、市長回答が地元住民の疑惑解消がなされないままに、薩摩川内市として公式に受入表明がなされました」と経過を振り返り、なお踏み込んで質問します。

「さらに重大なことは8月24日、知事による地元説明会の中で、川永野町決定の経緯について、企業の植村組、金融機関の鹿児島銀行が実名で出たと聞いております。これは、広く市民の間に、流布していることであり、強引な整備地への進め方と相まって、深い政治への疑惑をもたらしていることは事実です。民主主義の破壊であり、住民自治の地方分権を踏みにじる暴挙として、心ある市民は感じているものと思います」とたたみかけました。

知事憤気に堪えない　～市長の答弁～

森卓朗市長は「先ほど議員が鹿児島銀行との関係を、知事が見えたときの、下りを述べられました」と発言しすぐ、「協議会に切り替えて下さい。3分だけ…」と議長に求めました。

議事録への記録を避ける配慮です。

今別府哲矢議長は「別の場で答弁してください」と当然のことながら、市長の申し入れをきっぱりと断り、議事進行です。

仕方なく市長は答弁を続けます。

「知事として、憤気に堪えない質問であったそうです。子供が鹿児島銀行に勤めているのではないかという、質問が出たそうです。

そういう所には勤めていないと、知事はきっぱりと申されたそうです」と知事の立場を釈明し、自らを語りました。

原発と産廃と金　～議員質問～

佃昌樹議員の質問は続きます。

「原子力発電所の産業廃棄物が川永野処分場に運ばれるのではないかという声を幾度となく聞きました。

今は法律で禁止されているが、それが出来るように、法律の改正がされるという噂もあるがどうか。

九州電力株式会社からの、1億3000万円の協力金について伺います。

今年3月の南日本新聞に比較的大きな見出しで、『薩摩川内市へ協力金、九電、2月に1億3000万円』と出ました。

3号機増設のための環境調査も終盤に来ており、準備書の自治体、国への送付、市民、住民への公告縦覧を目前にしているこの時期に、増設と調査は切り離すと公言している行政の立場に大きな疑問を呈しています。

協力金と言っても実態は寄付金、政治の常道か」と追及しました。

政治の常道　～市長答弁～

産廃と原発関連質問には、森卓朗市長は「今後、低レベル放射性物質が法律の改正で一般の産廃処分場に持ち込めるようになるかも知れない。だからしっかりした環境保全協定をつくらなければならない。原発が廃炉になるのは、30年先でしょうか、20年先でしょうか、その時には川永野の産廃処理施設は満杯になっているから、原発のごみが持ち込まれることはありません」と答え、後半の1億3000万円の協力金には、「これが政治の常道かと言われますと、いささか言葉に詰まる点もありますが、例外のない規則はない。There is no rule but exception」と英語を交え、「諸収入では、雑入といたしまして、本市と九州電力株式会社との間の覚え書きに基づきます同社からの川内港振興協力金等を計上しております」と、提案理由で述べたことを答弁しました。

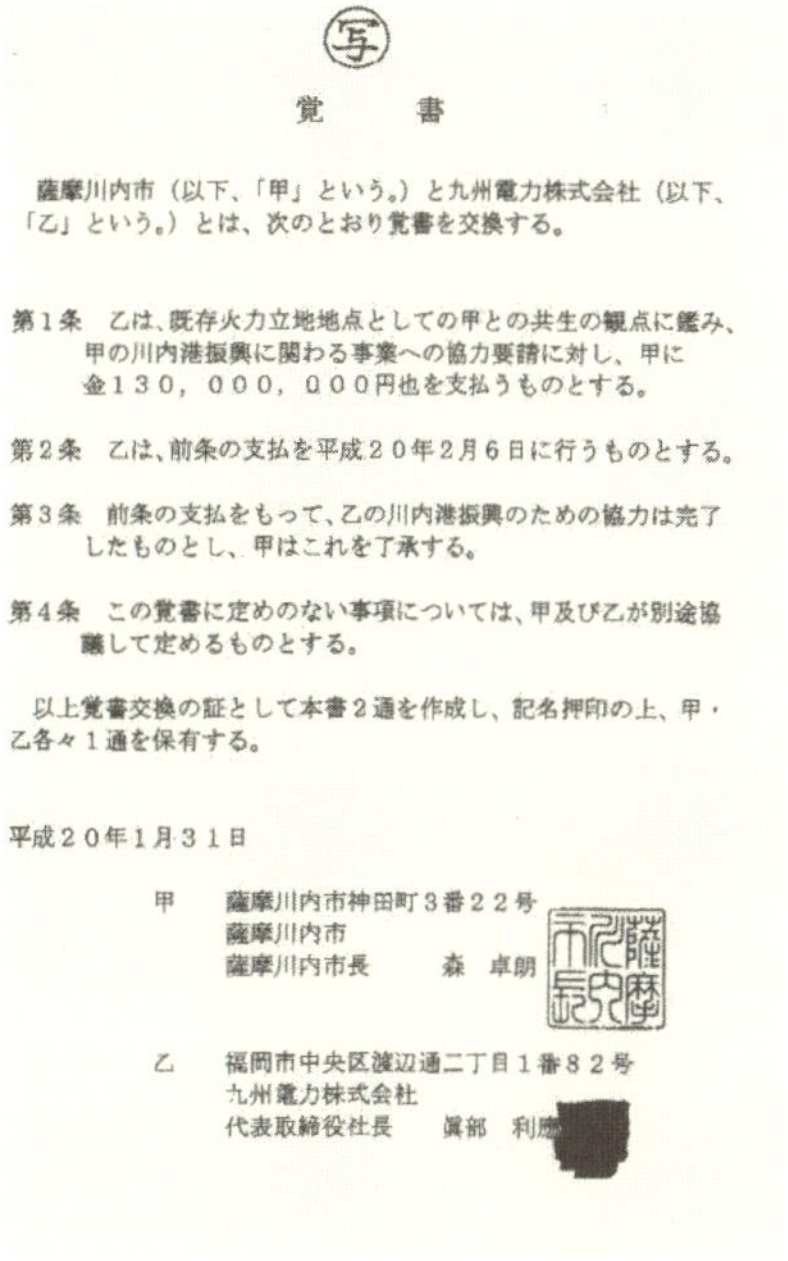

㋒

覚　書

薩摩川内市（以下、「甲」という。）と九州電力株式会社（以下、「乙」という。）とは、次のとおり覚書を交換する。

第１条　乙は、既存火力立地地点としての甲との共生の観点に鑑み、甲の川内港振興に関わる事業への協力要請に対し、甲に金１３０，０００，０００円也を支払うものとする。

第２条　乙は、前条の支払を平成２０年２月６日に行うものとする。

第３条　前条の支払をもって、乙の川内港振興のための協力は完了したものとし、甲はこれを了承する。

第４条　この覚書に定めのない事項については、甲及び乙が別途協議して定めるものとする。

以上覚書交換の証として本書２通を作成し、記名押印の上、甲・乙各々１通を保有する。

平成２０年１月３１日

甲　薩摩川内市神田町３番２２号
薩摩川内市
薩摩川内市長　　森　卓朗

乙　福岡市中央区渡辺通二丁目１番８２号
九州電力株式会社
代表取締役社長　　眞部　利[redacted]

森卓朗市長退任

森卓朗市長は、平成20年3月27日、3月議会最終日に引退表明をしているのです。そのあと、重大な問題に結論を出し、半年余りで任期満了。

薩摩川内市はホームページに写真付きで次のように掲載しています。

「森卓朗市長が任期を満了され、11月6日をもって市長の職を退任しました。薩摩川内市の初代市長として、旧川

内市での市長も含め、通算4期12年8カ月間大変お疲れ様でした」

別の市民の噂　～選挙の恩返し～

産廃処分場は、「選挙の恩返し」という別の市民の噂です。

1996年、平成8年2月18日の新人3人が立候補した川内市長選挙の開票結果です。

森　卓朗（前収入役）　1万8125票
桐原洋一（弁護士）　1万6533票
村山　智（共産党役員）　1752票

森候補は、社会党、総評系労働組合と政策協定を結びました。それでも森候補が選挙事務所を植村組企業グループのイベント施設「チサンホール」にしていたこともあり、植村グループの力が高く評価されました。原発反対の政党、労働組合団体と手を結んだ事への強烈な反発をチサンホールの裏の建物の「裏選対」が大奮戦して、しのいだという語りぐさです。産廃処分場同意はその恩返しというのです。

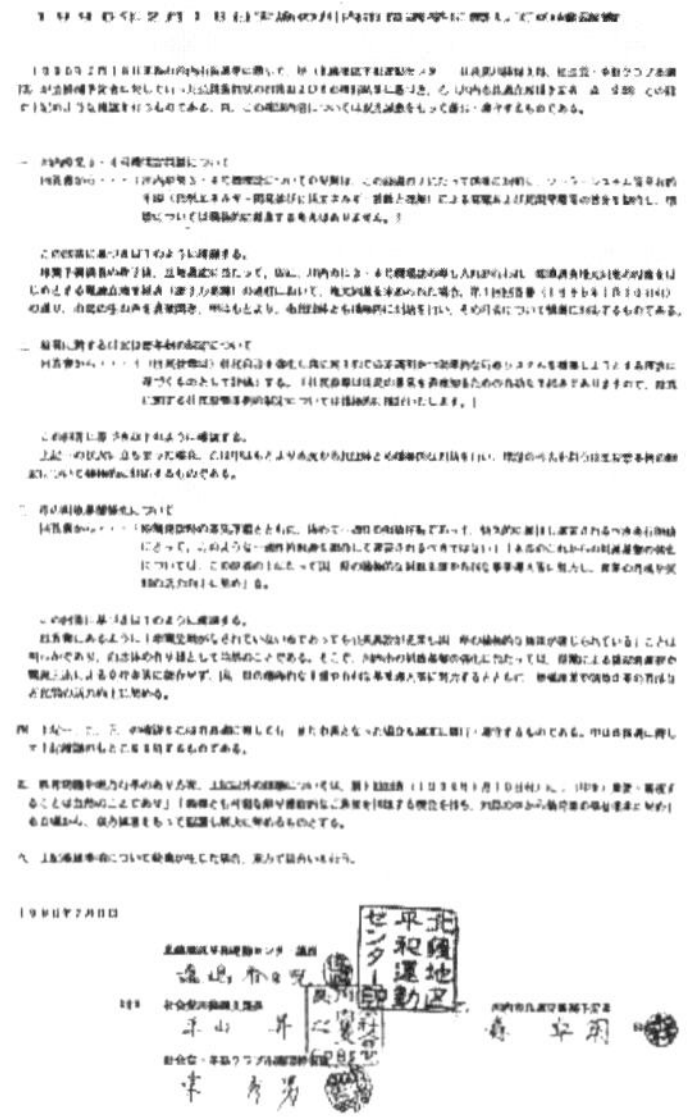

第3章　基本協定・金・自治会分断・知事3選

産廃処分場基本協定　～調印式～
（２０１１・０２・２１）

２０１１年、平成23年1月12日、鹿児島市のホテルで産廃処分場関係の調印式が行われました。

調印をしたのは、事業主体の環境整備公社と鹿児島県、それに川永野、木場茶屋、百次大原野自治会の３自治会で、薩摩川内市の岩切秀雄市長が立会人になっています。

調印文書は、「産業廃棄物管理型最終処分場に係る基本協定書」、「環境保全協定」、「地域振興策確認書」の３種類です。「基本協定書」で「管理型処分場の建設に同意するとともに、その円滑な運営に協力するものとする」との内容で自治会に協力を義務付けています。

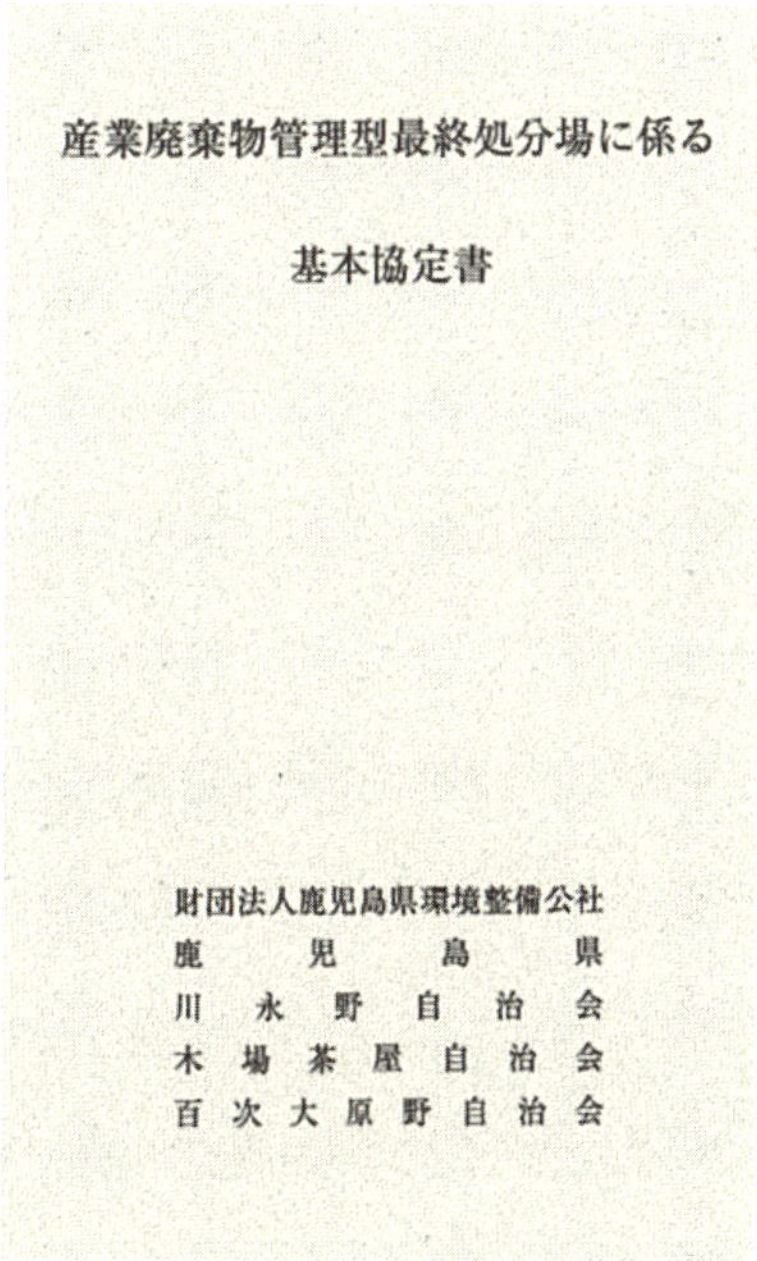

産業廃棄物管理型最終処分場に係る

基本協定書

財団法人鹿児島県環境整備公社
鹿　児　島　県
川　永　野　自　治　会
木　場　茶　屋　自　治　会
百　次　大　原　野　自　治　会

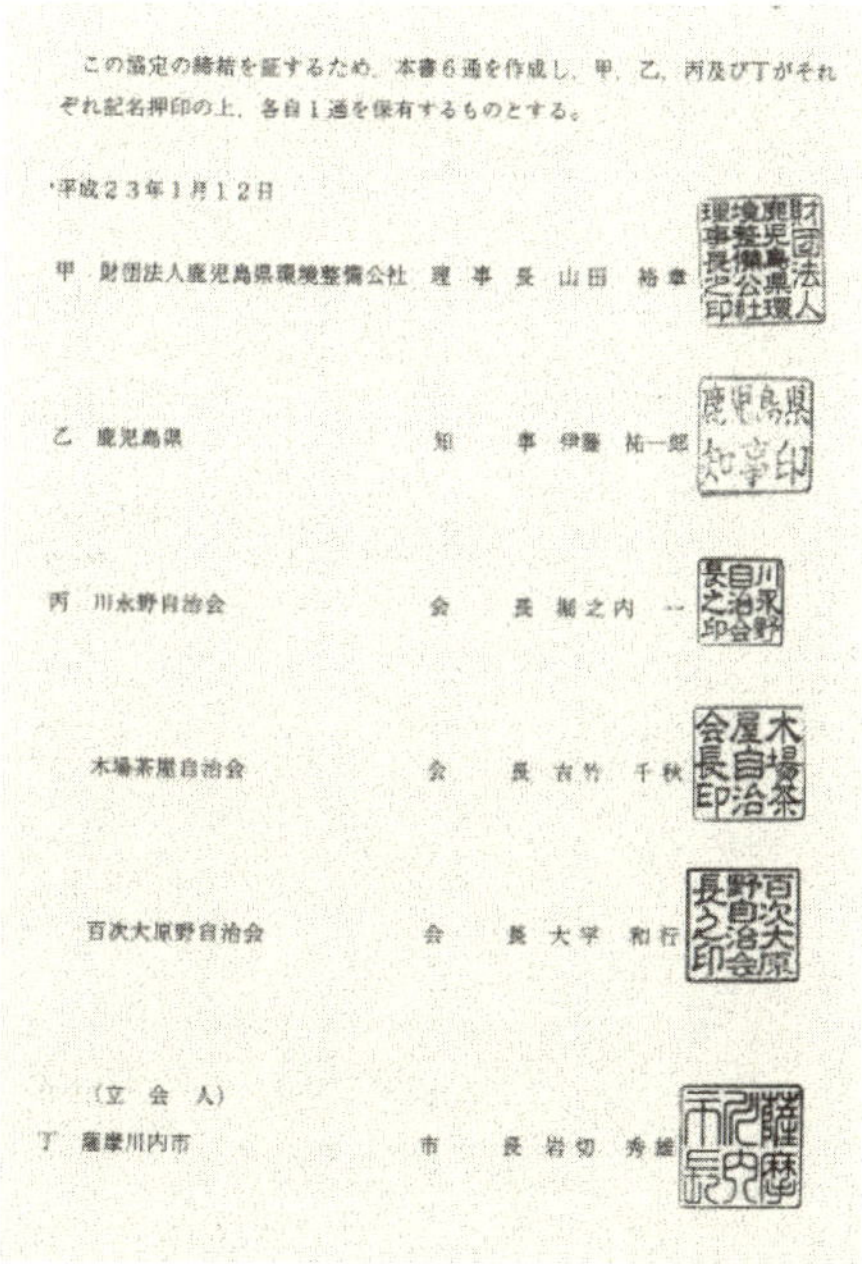

この協定の締結を証するため、本書６通を作成し、甲、乙、丙及び丁がそれぞれ記名押印の上、各自１通を保有するものとする。

平成２３年１月１２日

甲　財団法人鹿児島県環境整備公社　理事長　山田　裕章

乙　鹿児島県　知事　伊藤　祐一郎

丙　川永野自治会　会長　堀之内　一

木場茶屋自治会　会長　吉竹　千秋

百次大原野自治会　会長　大宇　和行

（立会人）
丁　薩摩川内市　市長　岩切　秀雄

環境保全協定は、別表で、持ち込む産業廃棄物の種類や調査項目を記しています。

　環境整備公社だよりは、自治会長、市長、知事が手を結んで並ぶ写真を公表しました。

自治会支援金

　3自治会と個別に文書を交わしていて、目をひくのは「地域振興策確認書」です。

　産廃処分場建設から、約1・5㎞下流の川永野町にある、木場茶屋簡易水道水源地を封鎖して、別の水源から導水管を通して、水を共有するというのです。

「やっぱり、環境汚染の心配が残る」という印象を強くしました。

　知事が約束した3億円は、まず半分を配布して、産廃処分場が操業してから残り半分を支払うという内容です。1自治体当たり、3750万円が3自治会に交付され、川永野町大原野自治会分はお預けということです。

　このお預け分は、間もなく川永野町大原野自治会から分裂して出来た新しい自治会に交付されるという、なんとも言いようのない経過をたどることにな

（別表）

項　　目	概　　要
県道百次木場茶屋線の道路整備	旧国道３号（川永野）から管理型処分場までの区間（L＝約1.7km）
	管理型処分場から百次大原野までの区間（L＝約1.1km）
市道川永野木場茶屋線と旧国道３号の交差点改良	市道川永野木場茶屋線と旧国道３号の交差点改良
市道木場茶屋都線の橋梁の拡幅	市道木場茶屋都線と旧国道３号の交差点改良
準用河川河茂瀬川の改修	勝目川合流点から１号砂防ダムの区間（L＝約1.7km）
新たな水道水源の確保及び給水設備の整備	木場茶屋簡易水道水源に代わる水源を確保し，関係自治会に給水するための設備を整備する。
自治会活動等支援金	生活環境の整備や自治会活動の活性化等に資する取り組みを支援するため，基本協定及び環境保全協定を締結した木場茶屋自治会に対し，３億円の２分の１に相当する額の４分の１（３７，５００千円）を交付する。 残額（２分の１）については，エコパークかごしま連絡協議会等において，交付方法等について協議する。

自治会活動等支援金	生活環境の整備や自治会活動の活性化等に資する取り組みを支援するため，基本協定及び環境保全協定を締結した木場茶屋自治会に対し，３億円の２分の１に相当する額の４分の１（３７，５００千円）を交付する。 残額（２分の１）については，エコパークかごしま連絡協議会等において，交付方法等について協議する。

ります。

8時間押し問答　～着工に向けて～（2011・09・15）

平成23年9月15日午前7時半、公社、県、ＪＶなどの表示を付けた乗用車、作業員を乗せた中型、大型のバス、重機運搬の大型トラックなど10数台の車列が砕石場、産廃処分場建設現場に向かって来ました。着工宣言2カ月余り、業を煮やしての動きです。

住民に阻まれ工事車両は進めず、着工はならず、炎天下、いつもは静かな山の道での押し問答は8時間続きました。

作業足止め

財団法人鹿児島県環境整備公社の新川龍郎専務理事や公社、鹿児島県の腕章を付けた20人ほどが歩いて現場に向かってきました。現場側で待ち構えていた住民達が急ぎ足で詰め寄りました。

「工事に参りました。道路を開けて下さい」とハンドマイクで新川専務が呼びかけです。「説明をして下さい。説明を約束して下さい」と住民側もマイクで応酬です。騒然とした中でのマイク合戦です。上空をヘリコプターが旋回しています。

執拗な撮影

体が触れんばかりに、向き合う集団が接近して、マイクで応酬している。すぐ始まったのが、執拗な写真撮影です。ビデオカメラもまわっています。鹿児島県、環境整備公社、共同企業体の腕章やネーム入りのヘルメット着用の10人余りです。住民1人1人を撮影しています。「写真を撮るな」、「記

録のための撮影です。裁判所へ出す記録撮影です」と別のやり取りの展開です。「法的対応を考えなければなりません」「法律を盾にするな。説明が先だ」と住民はやり返します。

４自治会賛成

午前11時15分、公社側は地元地域に対する新たな考えを口にしました。

新川専務「5自治会のうち4自治会の賛成を頂いております」という発言です。

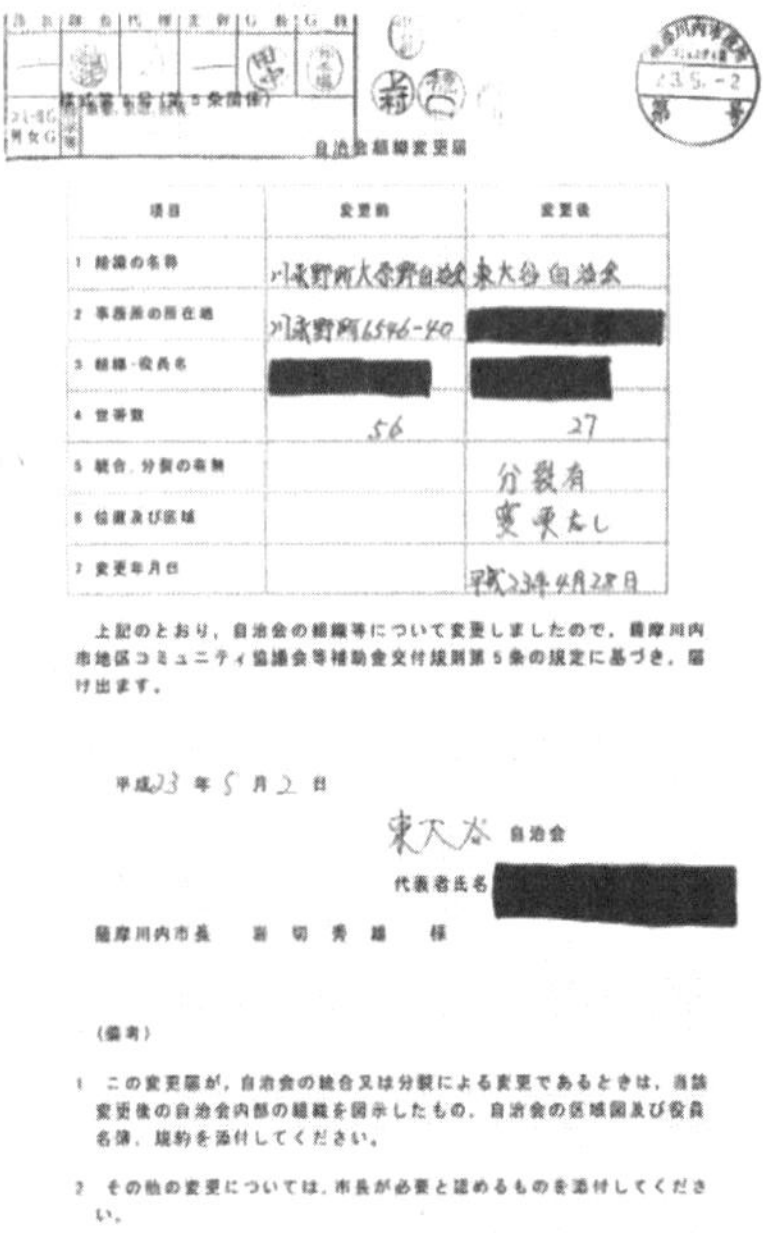
自治会組織変更届

項目	変更前	変更後
1 組織の名称	川永野町大原野自治会	東大谷自治会
2 事務所の所在地	川永野町6546-40	[redacted]
3 組織・役員名	[redacted]	[redacted]
4 世帯数	56	27
5 統合、分裂の有無		分裂有
6 位置及び区域		変更なし
7 変更年月日		平成23年4月28日

上記のとおり，自治会の組織等について変更しましたので，薩摩川内市地区コミュニティ協議会等補助金交付規則第5条の規定に基づき，届け出ます。

平成23年5月2日

東大谷自治会

代表者氏名 [redacted]

薩摩川内市長　岩切秀雄　様

（備考）

1　この変更届が，自治会の統合又は分裂による変更であるときは，当該変更後の自治会内部の組織を図示したもの，自治会の区域図及び役員名簿，規約を添付してください。

2　その他の変更については，市長が必要と認めるものを添付してください。

関係自治会は4自治会という主張してきた県、公社側が、反対している大原野自治会から分裂した東大谷自治会をも関係自治会と認めたことを大勢の前で明言しました。

「きょうは作業をしに参りました。作業をさせてください」とやり返す、その中で出て来た発言でした。

知事が、認めたということです。

「5自治会のうち4自治会の賛成」ということは、1自治会は反対ということです。反対自治会とは大原野自治会のことです。賛成に加わった1自治会とは、大原野自治会から分裂した東大谷自治会です。

5月2日に、市長へ届けています。

分裂の経過　～監視の記録～

大原野自治会分裂の経過は平成23年5月17日の薩摩川内市議会市民福祉委員会で、「大原野自治会の状況について」という資料を添えて説明がありました。

これは行政による徹底した監視の記録でもあります。

分裂後の大原野自治会へは、行政が乗り込んで来ました。

川永野町の東大谷自治会の設立は、産廃処分場をめぐる、行政による地域亀裂の象徴的な出来事でした。

地域の亀裂、住民の対立感情については、議会でも、「運動会や花見が出来なくなった」ことなどが、取り上げられたほか、共同作業で維持されてきた、身近な所の川や池、道路などの生活環境にもほころびが見え始めているといいます。行政による、川永野町大原野自治会の分裂の象徴は、東大谷自治会館の新築です。

産廃処分場建設着工の日程が近づくなかで、薩摩川内市は行動に打って出ます。

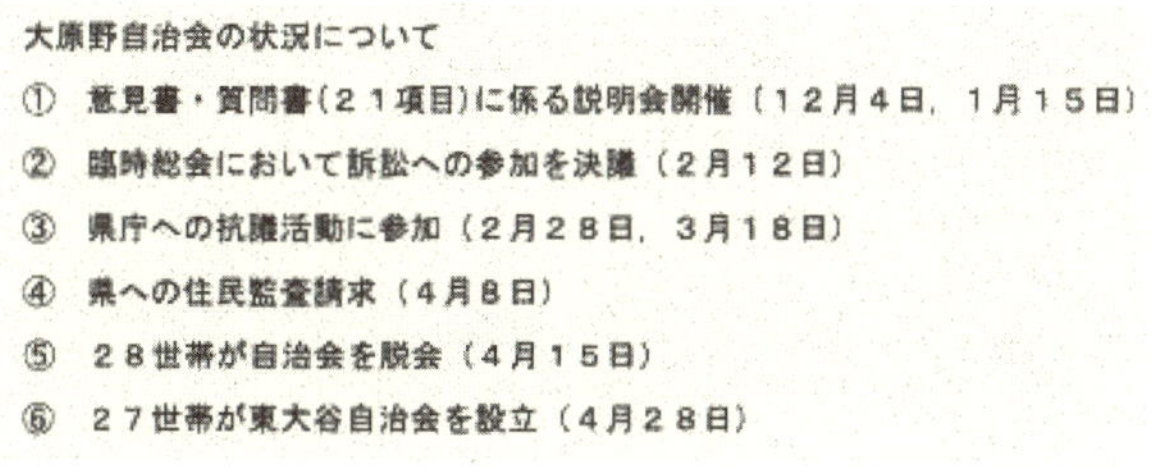
大原野自治会の状況について

① 意見書・質問書（２１項目）に係る説明会開催（１２月４日，１月１５日）
② 臨時総会において訴訟への参加を決議（２月１２日）
③ 県庁への抗議活動に参加（２月２８日，３月１８日）
④ 県への住民監査請求（４月８日）
⑤ ２８世帯が自治会を脱会（４月１５日）
⑥ ２７世帯が東大谷自治会を設立（４月２８日）

つぶすのか！ ～川永野大原野自治会～（2011・08・12）

「お前達は大原野自治会をつぶすのか」と市職員に向かって、驚きとも、怒りともつかない声が出たと言います。川永野町大原野自治会館で、平成23年7月5日午前9時ごろのことです。薩摩川内市企画政策部コミュニティ課職員2人が大原野自治会役員ら5人と向き合う席で1通の説明文書を示しました。合併10万都市の薩摩川内市が行政権力を振り上げて、28世帯の小さな自治会を「恫喝」したかのように見える内容です。

撮影・2011年3月

まず、「東大谷自治会が設立された」とあります。そして次のように、「つぶしを連想」させる表現へと続きます。

大原野自治会は地縁団体として登録されているが、東大谷自治会が設立されて、地縁団体としての条件を満たさない状況になった。つまり、大原野自治会は構成会員の居住が「虫食い状態」になっているから、「解散することになる」とあるのです。

行政の枠を大きく逸脱した行政の横暴と誤りには、山之口義和大原野自治会長がすぐ反論し、間違いを指摘し、その場で、線を引いて削除するという場面もありました。

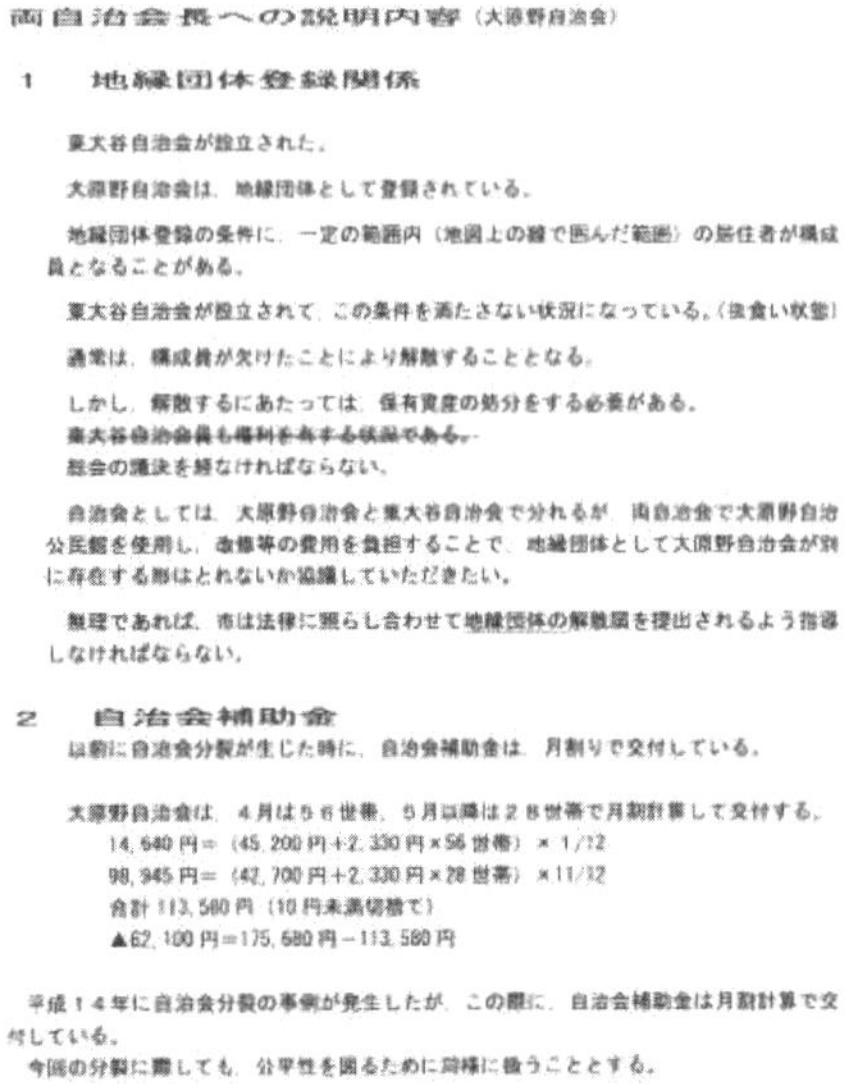

両自治会長への説明内容（大原野自治会）

1　地縁団体登録関係

東大谷自治会が設立された。

大原野自治会は、地縁団体として登録されている。

地縁団体登録の条件に、一定の範囲内（地図上の線で囲んだ範囲）の居住者が構成員となることがある。

東大谷自治会が設立されて、この条件を満たさない状況になっている。（虫食い状態）

通常は、構成員が欠けたことにより解散することとなる。

しかし、解散するにあたっては、保有資産の処分をする必要がある。
~~東大谷自治会員も権利を有する状況である。~~
総会の議決を経なければならない。

自治会としては、大原野自治会と東大谷自治会で分れるが、両自治会で大原野自治公民館を使用し、改修等の費用を負担することで、地縁団体として大原野自治会が別に存在する形はとれないか協議していただきたい。

無理であれば、市は法律に照らし合わせて地縁団体の解散届を提出されるよう指導しなければならない。

2　自治会補助金
以前に自治会分裂が生じた時に、自治会補助金は、月割りで交付している。

大原野自治会は、４月は５６世帯、５月以降は２８世帯で月割計算して交付する。
14,640円＝（45,200円＋2,330円×56世帯）×1/12
98,945円＝（42,700円＋2,330円×28世帯）×11/12
合計113,580円（10円未満切捨て）
▲62,100円＝175,680円－113,580円

平成１４年に自治会分裂の事例が発生したが、この際に、自治会補助金は月割計算で交付している。
今回の分裂に際しても、公平性を図るために同様に扱うこととする。

自主組織、自治会を行政が操縦するのに使う道具が補助金ということを示しています。

薩摩川内市が示した文書は、大原野自治会を脱退して、新しい自治会を作っても、新しい自治会には、補助金の交付と自治会館を行政が保障していたことを想像させる内容です。

大原野

どのように川永野町大原野自治会が分裂していったのか、全容は明らかでない。

だが、分裂した結果を見ると、いかにも、謀略の痕跡を見る思いです。平成22年現在、57世帯だった会員世帯は、翌年、平成23年には1世帯減って56世帯になり、そこから28世帯が脱会して、27世帯で、「東大谷自治会」を作ったというのです。

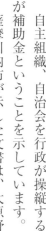

分裂の象徴

地元の人の話を総合すると、隣同士が別れ別れになるような状況で、分裂していったのです。産廃処分場建設に賛成したら、あげるという、あの「3億円効果」です。

初めのうちは、賛成した人に配分されるという「噂らしきもの」が駆け巡ったと言います。

議会などでも議論の対象になって、個人には渡らないようになってしまった。東大谷自治会には、大原野自治会館の数百メートル南側に新しい自治会館が出来ました。

分裂の象徴です。

東大谷自治会館

東大谷自治会

関係自治体が2から4になったことに、行政の陰湿な策略を感じます。

県の要綱通りの関係地区が2ならば、1対1で賛成50%、反対50%の五分五分です。

それが薩摩川内市の「要求」で4自治会になった結果、賛成3、反対1で、賛成75%、反対25%になりました。さらに、反対自治会が分裂したことで、賛成4、反対1となりました。賛成80%、反対20%と、反対関係地区は、ますます比率が小さくなりました。自治会を利用した、陰湿な地域介入です。地域には深刻な亀裂が入りました。

地域の亀裂は地域振興支援金という名の「3億円」が投入されたことが大きいです。

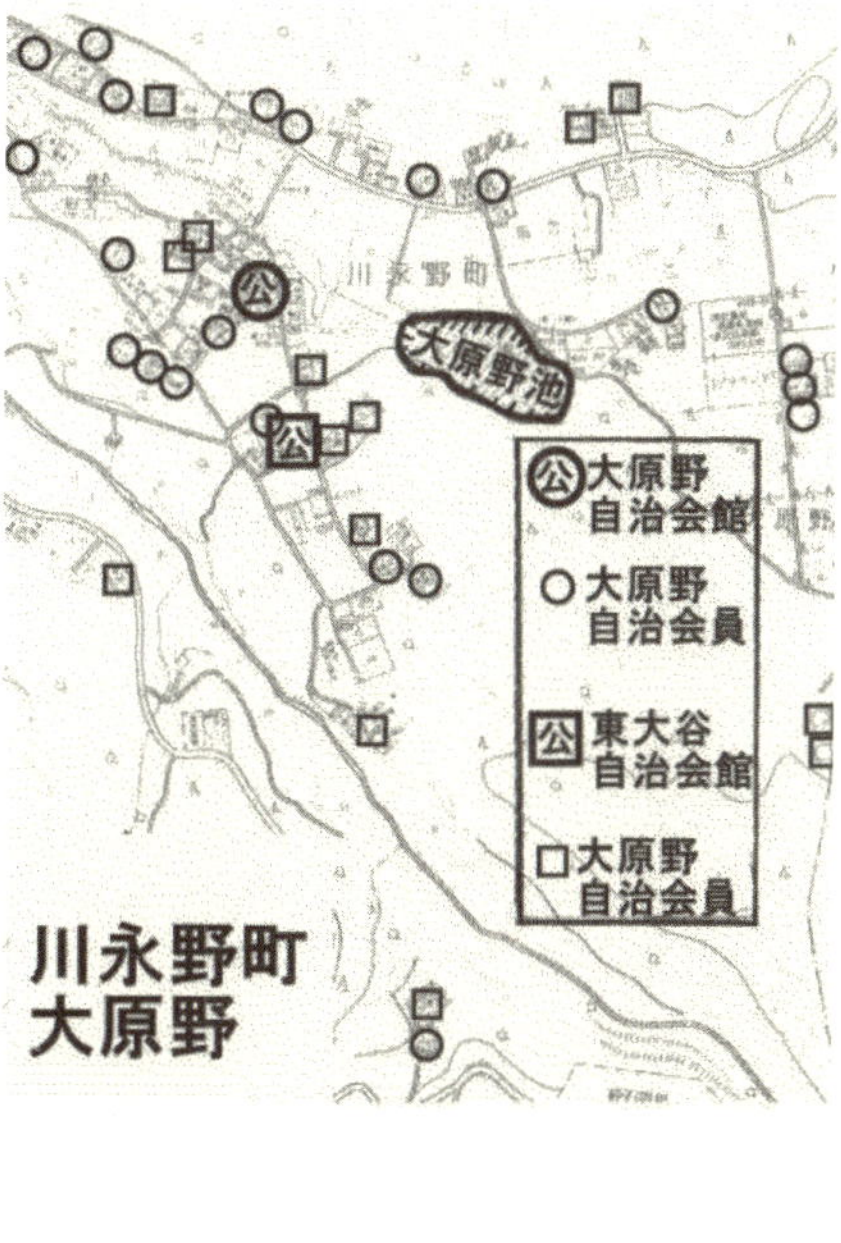

金は個人にも配分、口座振り込みにするという、「風評」です。市議会でも問題になり、「公金買収」という批判を浴びました。

改めて基本協定　～東大谷自治会～

２０１２年、平成24年1月17日、鹿児島県と鹿児島県環境整備公社は、改めて自治会と基本協定を結びなおしました。

そこには、川永野、木場茶屋、百次大原野の３自治会のほかに、新たに東大谷自治会が入っていまし

産業廃棄物管理型最終処分場に係る

基本協定書

財団法人鹿児島県環境整備公社
鹿　児　島　県
川　永　野　自　治　会
木　場　茶　屋　自　治　会
百　次　大　原　野　自　治　会
東　大　谷　自　治　会

項　　目	概　　要
県道百次木場茶屋線の道路整備	旧国道３号（川永野）から管理型処分場までの区間（L＝約1.7km）
	管理型処分場から百次大原野までの区間（L＝約1.1km）
市道川永野大谷口線及び市道川永野百次線の道路整備	市道川永野大谷口線及び市道川永野百次線の一部区間
準用河川阿茂瀬川の改修	勝目川合流点から１号砂防ダムの区間（L＝約1.7km）
新たな水道水源の確保及び給水設備の整備	木場茶屋簡易水道水源に代わる水源を確保し，関係自治会に給水するための設備を整備する。
自治会活動等支援金	生活環境の整備や自治会活動の活性化等に資する取り組みを支援するため，基本協定及び環境保全協定を締結した東大谷自治会に対し，１８，７５０千円を交付する。

この協定の締結を証するため，本書７通を作成し，甲，乙，丙及び丁がそれぞれ記名押印の上，各自１通を保有するものとする。

平成２４年１月１７日

甲　財団法人鹿児島県環境整備公社　理　事　長　山田　裕章

乙　鹿児島県　知　事　伊藤　祐一郎

丙　川永野自治会　会　長　堀之内　一

木場茶屋自治会　会　長　吉竹　千秋

百次大原野自治会　会　長　大平　和行

東大谷自治会　会　長　和田　岩男

（立　会　人）
丁　薩摩川内市　市　長　岩切　秀雄

た。

「地域振興策確認書」は先の3自治会の内容とほとんど同じです。

ただ、違うところは、同じ自治会のはずなのに、金額が半分ということです。

3億円の「4分の1」の半分の「その半分」です。1875万円です。

産廃処分場が操業したあと、同額支払われることになっています。

最終的には、3億円の4分の1の「その半額」が川永野町大原野自治会の為に保留されていることになります。

自治会支援金
~3億円の使途~
(2010・01・18)

大原野自治会が分裂する以前のことです。

2010年、平成22年1月18日の薩摩川内市議会産業廃棄物管理型最終処分場対策調査特別委員会で、鹿児島県側は、知事が約束した3億円について、次のように説明しています。

「知事がお約束しました、3億円の関係自治体への支援金の使途の考え方です」と、資料を示しました。

「今後、建設に同意して頂きまして、環境保全協定を締結して頂いた関係自治会に対して、均等割で交付したい」という発言です。

予算が決まれば、今年4月から実施できるとも付け加えました。

「賛成しない所には、交付しない」ということを明言しているようなものです。

「こういうやり方は公正ではない。賛成する自治会には金を出す。反対する自治会には金を出さないというのは公正でない。買収ですよ」(委員外発言、共産党・井上勝博議員)。

「きょうは荒れ模様かも」と小牧勝一郎委員長は予想していたようですが、「買収発言」には驚いたようです。

さらに続きます。

「(産廃処分場は)市の施設でないのに、市を参加させるということは、市の職員を前面に出して、県の代理戦争をさせること」（佃昌樹委員）、「人口集積がなされている高い所には疑問がある。反対です」（山之内勝委員）。辛辣な議会の反応です。

傍聴席では初め聞いて、何という悪辣なこと、これが行政のやることだろうかと信じられない内容でした。

（資料9）

「自治会活動等支援金（仮称）」の使途の考え方

1　使途の考え方

生活環境の整備や自治会活動の活性化に資する取組みに対して，関係自治会からの申請により助成するものとする。

ただし，使途については，基金の造成など関係自治会の意見・要望に応じて弾力的に取り扱うものとする。

【 使途（助成）の例 】

・　自治会費の一定期間分の助成
・　自治会ボランティア活動の補助経費への助成
・　公民館の整備、補修，維持管理費等運営費の助成
・　自治会内主要箇所への街灯整備経費及び電気代の助成
・　グランドゴルフ場等の休憩室の整備経費への助成
・　地上デジタル放送共同受信施設の整備経費への助成
・　その他、関係自治会からの意見・要望に応じて生活環境の整備や自治会活動に資する取組みに対し助成する。

2　今後の進め方（案）

今後，関係自治会や薩摩川内市，県等で構成する協議会（連絡会等）を設置して，環境保全協定なども含め，意見，要望等を聞いて，具体的に検討していくものとする。

現金配付の噂

（2010・06・22）

平成22年6月議会、6月22日の一般質問。

佃昌樹議員「先般知事の方から産業廃棄物最終処分場に係わる意見の照会が来ていると思います。1自治会反対、現時点ではそうなっている。こういう状況の中での意見照会、意見具申は強引じゃないかなという感じを受ける。賛成した地域の世帯には現金を配るという噂が広がっている」と前置きして、「そういう状況の中で、本当に今、7月15日を期限として、意見具申をしなければならないのか、どうか、見解をお伺いしたい」。

佃昌樹議員の「地域振興金の世帯配付」、「県への意見」、「4自治会のこと」、「最初の県との公式応対」についての質問は、「自治会の基本」に通じる重要性があります。

各家庭配付なし

岩切秀雄市長「地域振興についての、県の考えは聞いてみたいと思っていますが、私が承知している

中では、各家庭に配付するものではないというふうに言っています。

自治会のですね、経費として使うことが目的であるし、また地域振興という名目ですから、これについては、連絡会、もしくは協議会を作る中で、ご意見を聞こうと思っています」

このひと言で「個人に交付金が渡るということはなくなった」と理解すべきでしょう。

これは佃昌樹議員の「振興金の中から、220万円が各世帯に入るんだという情報が流されて、今でもですね、『まだ振り込みがないがと、いったような問い合わせがあるんだ』ということはですね、公金を使った買収と同じ状況」という指摘と質問への市長答弁です。

同意は既定方針

市長「前市長時代に、候補地から整備地に決定した際に、『容認』する意見回答をしています。従って、今回の意見照会についても、手続きに従って、進めていきたい」と、産廃処分場は既定方針であることを示しました。その上で、「地元頭越し」の「環境保全協定」の選択肢も示唆しました。

「賛同された3つの自治会がいっしょになって、環境保全協定を県と結ぶ方がいいのか、もしくは各自治会ごとに結ぶ方がいいのか、もう1つは、市と県で環境保全協定を結ぶことも検討していかなければならない」と、地元自治会頭越しの「環境保全協定」もあり得ることを示唆しました。

そもそも、4自治会だけを県が交渉相手にするようになったのは、当時の市長ではなく、現市長の力でだったということです。

4自治会は現市長の力

佃昌樹議員「保全協定の範囲について、森前市長は、議会で『4自治会を基本としながら、生活環境に影響が生ずる恐れのある地域を関係地域と理解、対応して参りたい』というふうに答えているのです」と質しました。

だが、「4自治会基本は現市長の力」という内容の答弁です。

岩切秀雄市長「県の指導要綱では、現場から1㎞以内が対象地域になっていて、最初、自治会は2つしか該当しないということでした。最初、私と市長（森卓朗前市長）が、この計画の話を聞きました。その時にですね、私の方から、『4地域を対象にしてもらわなければ困る』ということで、最初の対象地域2つから4つにしてもらいました。これが基本自治会になっています」。

前市長ではない、現市長の力だというのです。

あの時は副市長

鹿児島県が産廃処分場予定地は薩摩川内市川永野町であると発表したのは、平成19年5月8日でした。その前日、7日に、鹿児島県の仮屋基美副知事と永徳親久生活環境部参事が薩摩川内市役所に来て、森卓朗市長らに説明しています。翌日8日の南日本新聞1面トップ記事です。その中で「森市長は『薩摩川内市が重要な調査候補地4カ所のうちの1カ所という説明だった。どの場所とは言われなかったし、話を伺うだけで特にこちらからも尋ねなかった』と話した」という記事です。

なるほど、あの時は、市長は黙っていて、岩切秀雄副市長がいろいろ尋ね、「それはおかしい、少なくとも木場茶屋の簡易水道がある以上は…」と木場茶屋自治会と百次大原野自治会も加えて、「4自治会基本」とするようになったのか、副市長が主役だったのだ。

議会での発言　～産廃処分場（２０１１・０７・０８）～

1年たった、平成23年6月市議会最終日に、岩切秀雄市長は、市政方針でも触れず、一般質問でも出なかった産廃処分場建設問題について発言し、「建設に反対している自治会への説明」の必要性を示しました。

「公共関与による産業廃棄物管理型最終処分場につきましては、県環境整備公社から、来週11日から着工するとの報告を受けました。

県及び県環境整備公社につきましては、工期中の安全確保、及び生活環境の保全を始め、環境保全協定に基づく対策等を確実に実施し、全国のモデルとなる安心安全の施設を設備されると共に、建設に賛同されていない自治会の理解を得られるよう、引き続きお願いをしてまいります」。薩摩川内市長が、「建設にまだ賛成していない自治会への説明が不十分」という認識を示したのです。

悪の行政手法

地元、隈之城地区に深刻な住民対立が広がりました。

その象徴的な出来事が、大原野自治会の分裂、東大谷自治会の新設です。

地域に亀裂を入れ、分裂を引き起こし、住民同士を対立させて、反対行動を押さえ込もうとする、「悪の行政手法」です。

こうした、悪の行政手法が、議会への不信が、司法に判断を求めることになりました。工事が始まるやいなや、工事を止めるために、伊藤祐一郎知事を相手どって、不当な税金の使い方であるとして、「公金の支出差止め請求」の住民訴訟を起こしたのでした。

さらに年が変わって、２０１２年、平成24年になると、知事選挙の年です。

薩摩川内市では産廃処分場問題に加えて、川内原発再稼働問題が焦点になりました。

伊藤候補個人演説会　～知事選挙～（２０１２・０６・２５）

鹿児島県知事選挙、告示から5日目の6月25日午前10時から、伊藤祐一郎候補の個人演説会が薩摩川内市国際交流センターで開かれました。約４００の席は満席です。まず伊藤候補の川内後援会会長で、川内商工会議所の田中憲夫会頭が挨拶です。「私達の地域では原子力発電所1、2号機の再稼働、産業廃棄物最終処分場建設…。圧倒的勝利を勝ち取るため、我々一同全力を尽くして、応援支援していくことをここに強く誓います」

産廃処分場応援　～薩摩川内市長～

次は薩摩川内市の岩切秀雄市長です。

「産業廃棄物最終処分場建設につきましては伊藤知事、県が全

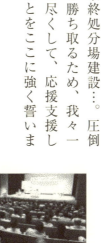

部責任を負うと、基本計画の中に入れていただきました。従って、私としても全面的にこれを応援していきたいと思っております。出来るだけ早く完成していただいて、市民の皆様方に誤解を与えないようにしていきたいと思っています。原子力発電所問題につきましては、伊藤知事が現職の官僚の頃、石川県に出向された際に、石川県の原子力発電所の企画をされたということで、原子力発電所については、かなり知識の深い知事であります。従って私としても伊藤知事の考えに賛成をしながら、市民が混乱しないように、これを仕向けていきたいと思っております。

いずれにしましても、鹿児島県並びに各市町村、あわせて大きな課題は沢山あります。伊藤知事とされましては水俣病問題、または米軍基地の馬毛島の問題、大きな問題を抱えた県政であります。

これを乗り切るためには伊藤知事に代わるほどの人はいないと思っております。

また皆様方、投票率を上げていただかなければと思っております。どうぞ、ここを引き上げられましたら、隣近所、また職場の中で投票をするようにお願いして、投票率のアップとともに、伊藤知事への依頼をしていただければありがたいと思います。いずれにしても、伊藤知事以外に、立派な候補者はいない。これを私は宣言して、皆様方のご理解を得、努力していただくようお願いしまして、地元市長としての挨拶を終わります」

原発再稼働　～伊藤祐一郎知事３選～

約50分間のうち、30分間は原発の力説でした。「今、問題となっている原子力発電所の再稼働の問題であります。もちろん安全性は最大重要でありますから、国が安全性をまず保証し、国の責任においてやるわけだから、国が現地に来て、どうしてもこれを頼むというのが、これがまず前提でしょう。その時いろんな質問が出て来ますの

で、それに答えた上で原子力については再稼働…」

伊藤祐一郎候補にとって、薩摩川内市では産廃処分場は終わり、原発再稼働が最大の関心事のようでした。

伊藤祐一郎知事は3選をはたしました。

原発城下町の構図

「地域振興策確認書」では、道路整備、河川改修が盛り込まれています。これは、公共事業だから、本来は、産廃処分場とは関係なく行われるはずです。「新たな水源の確保」はもっとびっくりです。「水」こそが、地域が心配した問題です。

木場茶屋自治会の住民は、「木場茶屋簡易水道の水源地を勝手に廃止しないように」という嘆願書を岩切秀雄薩摩川内市長に提出しています。

これは完全に無視されました。水源地を代えるということは、産廃処分場は地下水汚染が心配という、有力な根拠に見えます。

締結に応じた3自治会には、各々、「3750万円」を交付する内容もあります。

「金にものを言わせた」象徴的な項目です。

「原発と力と金」に共通する、「原発城下町」の構図がここにもありました。

自治会

平成22年国勢調査速報で、薩摩川内市は人口は9万9558人、4万1441世帯です。

知事が「関係自治会」としたのは最初は2自治会、それが4自治会になりました。

産廃処分場計画に、最初に賛成決議したのは川永野自治会でした。次に百次町大原野、そして木場茶屋です。川永野町大原野自治会の踏ん張りには、「原発城下町」的風土に染まらない姿勢があります。

その川永野町大原野自治会に行政の異例とも言える「圧力」が加えられるのです。

自治会名称	世帯数
川　永　野	40
川永野町大原野	57
木　場　茶　屋	62
百次町大原野	17

（平成22年度）

第4章　5億円公金支出差止請求

財産取得議案

「この土地全体を1企業が持っていますので、用地の確保は容易ではないかと考えております」

2007年、平成19年5月8日、伊藤祐一郎知事が産廃処分場計画を発表しました。

2011年、平成23年の3月定例県議会に財産取得議案を提出し、議決されました。取得財産は土地25万6401・84㎡。取得金額は5億290万2212円。

取得の相手方は株式会社ガイアテックほか4者となっています。

薩摩川内市は「公衆用道路2944㎡、2万4402円」、地元の人が「原野7379㎡、287万810円」で併せて

45

議案第32号

財産の取得について議決を求める件

財産の取得について，鹿児島県財産に関する条例第2条の規定に基づき，次のとおり議決を求める。

平成23年2月提出

鹿児島県知事　伊藤祐一郎

次のとおり財産を取得する。

1　財産の種類，面積及び所在地

種類	面積	所在地
土地	256,401.84平方メートル	薩摩川内市川永野町字小奈多平及び百次町字三ツ峯地内

2　取得金額　502,902,212円

3　取得の相手方　薩摩川内市西向田町5番11号
株式会社ガイアテックほか4者

（提案理由）

エコパークかごしま（仮称）に係る用地として取得しようとするものである。

別紙

賃貸借物件

市	町	字	地番	地目	公簿面積(㎡)	登記名義人
薩摩川内市	川永野町	小奈多平	6912番1	雑種地	5,380	株式会社ガイアテック
			6913番1	〃	4,235	川内砕石有限会社
			6922番25	〃	1,465	〃
			6922番26	〃	848	〃
			6922番27	原野	2,064	〃
			6922番28	雑種地	4,971	株式会社ガイアテック
			6922番31	〃	1,725	〃
			6922番32	〃	995	川内砕石有限会社
			6922番33	〃	244	〃
			6922番34	〃	4,603	〃
			6922番35	〃	1,812	〃
			6922番36	原野	727	〃
			6922番37	雑種地	857	〃
			6922番38	〃	904	〃
			6922番39	〃	552	〃
			6922番40	原野	99	〃
			6922番41	雑種地	887	〃
			6922番42	〃	778	〃
			6922番43	〃	646	〃
			6922番44	〃	771	〃
			6922番45	山林	3,924	〃
			6922番46	〃	1,833	〃
			6924番11	雑種地	14,658	〃
			6924番14	〃	46,400	株式会社ガイアテック
			6931番	〃	188	〃
			6925番3	〃	17,891	植村福子
			6925番4	〃	15,188	〃
			6925番5	〃	15,690	〃
			6925番8	〃	17,645	植村　勉
			6925番9	〃	17,247	〃
			6925番10	〃	19,414	〃
			6925番1	〃	16,606	植村福子
	百次町	三ツ峯	3100番1	宅地	1,563.84	川内砕石有限会社
			3102番4	雑種地	1,854	株式会社ガイアテック
			3102番5	〃	1,954	〃
			3102番6	〃	922	〃
			3102番15	〃	1,624	川内砕石有限会社
			3102番16	〃	1,214	株式会社ガイアテック
			3102番17	〃	1,050	川内砕石有限会社
			3103番1	〃	4,605	株式会社ガイアテック
			3103番4	〃	514	〃
			3103番5	〃	432	〃
			3104番1	〃	5,551	〃
			3106番1	〃	5,702	〃
			3106番2	〃	348	〃
			3107番	〃	148	〃
			合計		248,728.84	

土地賃貸借契約書

貸主株式会社ガイアテック，[redacted]及び[redacted]（以下「甲」という。）と借主鹿児島県（以下「乙」という。）との間に，次のとおり賃貸借契約を締結する。

（賃貸借）

第1条　甲は，その所有する第3条に掲げる物件（以下「賃貸借物件」という。）を次条以下の約定で乙に賃貸することを約し，乙は，これを借り受けることを承諾した。

（信義誠実の義務）

第2条　甲乙両者は，信義を重んじ，誠実に本契約を履行しなければならない。

（賃貸借物件）

第3条　賃貸借物件は，次のとおりとする。

所在地	区分	数量（㎡）		摘要
		実測	公簿	
別紙記載のとおり				

（使用目的）

第4条　甲は，前条に定める賃貸借物件を，乙が財団法人鹿児島県環境整備公社（以下「公社」という。）に転貸し，公社が産業廃棄物管理型最終処分場のために使用することを承諾する。

（賃貸借期間）

第5条　賃貸借期間は，平成２３年４月２８日から平成４０年３月３１日までとする。

（賃料の額）

第6条　賃料は，総額500,000,000円とし，支払年度及び支払額は，次のとおりする。

支払年度	支払額
平成２５年度	304,000,000円
平成２６年度から平成３９年度	14,000,000円

2　甲は，本契約締結後，前項の賃料以外については，何らも乙に請求しない。

（賃料の支払）

第7条　乙は，毎年4月以降で，かつ，甲の正当な支払請求書を受理した日から３０日以内に，その年度に属する賃料を甲に支払うものとする。ただし，当該年度分の支払期限前に賃貸借期間が終了（解除等を含む。以下同じ。）した場合は，甲の指定する期日までに支払うものとする。

２９０万２２１２円です。残り5億円は、土地賃貸借契約となっています。

土地賃貸借契約

支払年度が平成25年度に３億４００万円。平成26年度から平成39年度までに１４００万円となっています。土地の広さは24万８７２８・８４㎡。企業名義の土地は51％で、48％は個人２人名義です。２人の個人は「一切の権限」を会社に任せる委任状を添

委任状

受任者　住所　　鹿児島県薩摩川内市西向田町５番１１号
　　　　氏名　　株式会社ガイアテック　代表取締役　橋口　享児
私は，上記の者を代理人と定め，下記の事項を委任します。

記

私の所有する末尾物件について添付の土地賃貸契約書の内容の賃貸借契約を締結する権限，賃貸借契約の義務の履行権限，賃料受領に関する権限及びその他前者に必要となる一切の権限。

所在地				公簿地目	公簿面積（㎡）	登記名義人
市	町	字	地番			
薩摩川内市	川永野町	小奈多平	6925番1	雑種地	16, 606	植村　福子
			6925番3		17, 891	
			6925番4		15, 188	
			6925番5		15, 690	
			6925番8		17, 645	植村　勉
			6925番9		17, 247	
			6925番10		19, 414	

鹿児島県知事　殿

平成２３年4月２８日

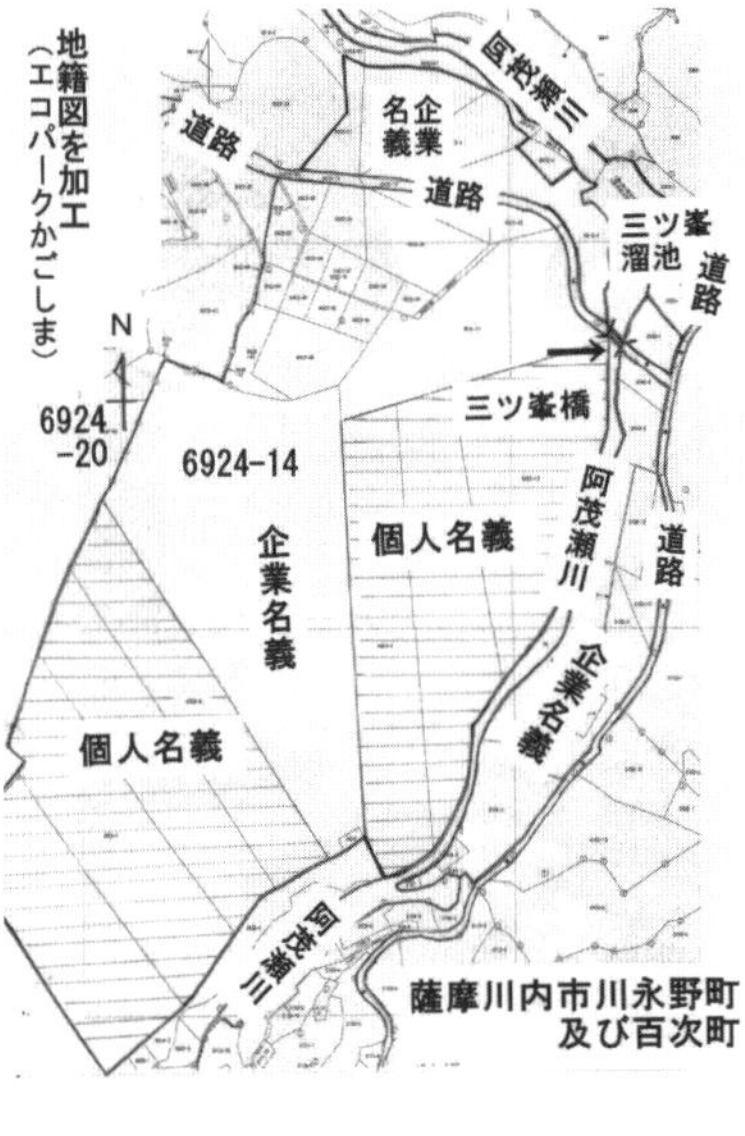

市	町	字	地番	地目	公簿面積		登記名義人
薩摩川内市	川永野町	小奈多平	6912番1	雑種地	5, 380		株式会社ガイアテック
			6913番1	〃	4, 235		川内砕石有限会社
			6922番25	雑種地	1, 465		〃
			6922番26	〃	848		〃
			6922番27	原野	2, 064		〃
			6922番28	雑種地	4, 971		株式会社ガイアテック
			6922番31	〃	1, 725		〃
			6922番32	〃	995		川内砕石有限会社
			6922番33	〃	244		〃
			6922番34	〃	4, 603		〃
			6922番35	〃	1, 812		〃
			6922番36	原野	727		〃
			6922番37	雑種地	857		〃
			6922番38	〃	904		〃
			6922番39	〃	552		〃
			6922番40	原野	99		〃
			6922番41	雑種地	887		〃
			6922番42	〃	778		〃
			6922番43	〃	646		〃
			6922番44	〃	771		〃
			6922番45	山林	3, 924		〃
			6922番46	〃	1, 833		〃
			6924番11	雑種地	14, 658		〃
			6924番14	〃	46, 400		株式会社ガイアテック
			6931番	〃	188		〃
			公簿面積小計（企業名義・25件）		99,723	40%	
			6925番3	〃	17, 891		植村福子
			6925番4	〃	15, 188		〃
			6925番5	〃	15, 690		〃
			6925番8	〃	17, 645		植村勉
			6925番9	〃	17, 247		〃
			6925番10	〃	19, 414		〃
			6925番1	〃	16, 606		植村福子
			公簿面積小計（個人名義・7件）		119,681	48%	
	百次町	三ツ峯	3100番1	宅地	1, 563. 84		川内砕石有限会社
			3102番4	雑種地	1, 854		株式会社ガイアテック
			3102番5	〃	1, 954		〃
			3102番6	〃	922		〃
			3102番15	〃	1, 624		川内砕石有限会社
			3102番16	〃	1, 214		株式会社ガイアテック
			3102番17	〃	1, 050		川内砕石有限会社
			3103番1	〃	4, 605		株式会社ガイアテック
			3103番4	〃	514		〃
			3103番5	〃	432		〃
			3104番1	〃	5, 551		〃
			3106番1	〃	5, 702		〃
			3106番2	〃	348		〃
			3107番	〃	148		〃
			公簿面積小計（企業名義・14件）		27,133.84	11%	
	公簿面積合計（個人名義＋企業名義）				246,537.84	99%	
	公簿面積合計と契約面積合計の誤差				2,191	1%	誤差の面積と比率
	契約書面積合計・46件				248, 728. 84	100%	

えて、事実上、ガイアテックと鹿児島県の2者契約という形になっています。賃貸料の支払いが終了した時点で、県有地になるということのようです。

別紙の地番、地目、公簿面積、登記名義人を記載した賃貸借物件は46件です。公簿面積合計は24万8728・84㎡となっています。公簿面積だが、46物件の公簿面積を合計してみると、24万6537・84㎡です。契約書には出ている46件の外に、契約書にない土地が計算上2191㎡あるということです。

環境整備公社だより

公益財団法人鹿児島県環境整備公社は平成24年7月、環境整備公社だよりVol・6で、「平成23年9月15日に現場作業着手（中略）。平成25年度中の完成、供用開始を目指して、安全性の高い、全国でもモデルとなるような施設の整備に取り組んでまいります」としています。掲載されている工事現場の全体写真を見る限り、契約外の土地がどうなっているのかわからない状態になっています。知事の計画発表直後から浮上した、「特定企業救済」の噂とどう結びつくのか、これもこれからです。

6924番14　～市有地が産廃処分場～（2012・03・09）

「この土地全体を1企業が持っていますので、用地の確保は容易ではないかと考えている」。記者会見での伊藤知事の発言です。

1企業が持っているというのは川内市の市有地だ

った土地が少なくなさそうです。

市有地が採石会社に切り売りされ、鹿児島県がまとめて産廃処分場にしたのです。

鹿児島県が買収した産廃処分場建設用地は山林や雑種地など約46筆の集まりです。

その中で最も広いところが、6924番14で、4万6400㎡の雑種地です。

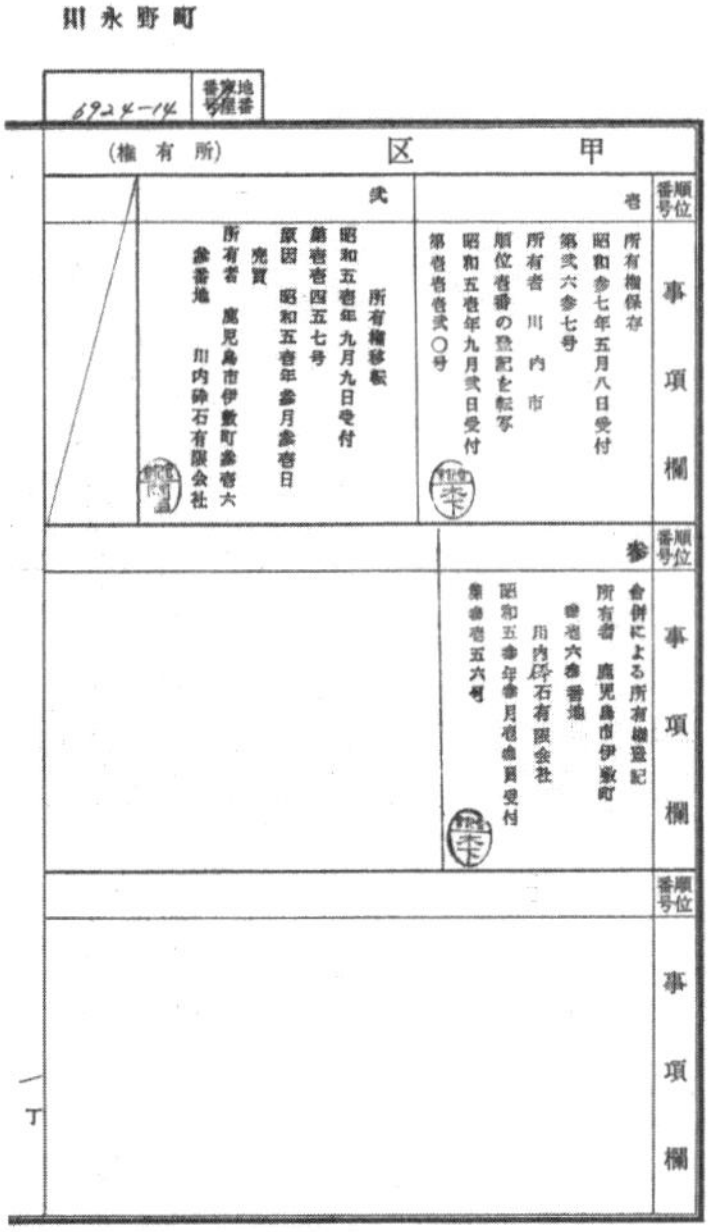

川永野町

6924−14（地番・家屋番号）

甲区（所有権）

順位番号 壹
事項欄
所有権保存
昭和参七年五月八日受付
第弐六参七号
所有者　川内市
順位壹番の登記を転写
昭和五壱年九月弐日受付
第壱壱壱弐〇号

順位番号 弐
事項欄
所有権移転
昭和五壱年九月九日受付
第壱壱四五七号
原因　昭和五壱年参月参壱日
売買
所有者　鹿児島市伊敷町参壱六参番地
川内砕石有限会社

順位番号 参
事項欄
合併による所有権登記
所有者　鹿児島市伊敷町
壱壱六参番地
川内砕石有限会社
昭和五参年参月壱壱日受付
第参壱五六号

川永野町　小奈多平

6922番40	原野	99	〃
6922番41	雑種地	887	〃
6922番42	〃	778	〃
6922番43	〃	646	〃
6922番44	〃	771	〃
6922番45	山林	3, 924	〃
6922番46	〃	1, 833	〃
6924番11	雑種地	14, 658	〃
6924番14	〃	46, 400	株式会社ガイアテック
6931番	〃	188	〃
6925番3	〃	17, 891	植村福子
6925番4	〃	15, 188	〃
6925番5	〃	15, 690	〃
692			植村　勉
692			〃

「賃貸物件」一覧表より

川内市から土地を買い取ったのは川内砕石有限会社です。その川内採石は株式会社ガイアテックと社名、組織を変更しています。

川内市も市町村合併で薩摩川内市となりました。

所有権移転は、昭和51年9月9日です。

情報公開請求

薩摩川内市川永野町字小奈多平6924番14の土地は、鹿児島県が買収を前提に、5億円で平成23年4月28日に、ガイアテックと賃貸契約を結んだ、24万8728㎡のうちの一部です。

契約書の賃貸借物件一覧表では公簿面積は4万6400㎡です。

登記簿で1976年、昭和51年9月2日に川内市が川内採石有限会社に売却したことがわかります。

だが、川内市議会の議案審議結果の中には、この時の財産処分議案はありません。議案として、議会には出ていないのです。

産廃処分場建設周辺で植村企業グループに売却さ

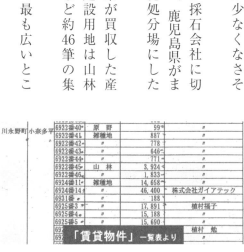

れた市有地は他にもあります。

３月９日、薩摩川内市川永野町字小奈多平の市有地売却に関する契約書等の公文書開示請求をしました。

契約書不存在　～市有地処分（２０１２・０３・３０）～

薩摩川内市の説明は「市有財産の土地を売ってはいるが、契約書はない」です。

産廃処分場の建設が行われている薩摩川内市川永野町の市有地売却の議案や契約書の一部が３月30日までに開示された、その時の言い分です。

売買契約書は「不存在」という回答です。回答もメモ書き形式です。

薩摩川内市川永野町小奈田平の件

地番：川内市川永野町字小奈田平６９２４番１４

地目：山林

地積：58563㎡

経緯：昭和51年9月2日川内市が川内砕石有限会社（川内市西向日町5番11号）へ譲渡している。

売買価格：別表参考

売買契約書：不存在

市民への情報公開に対する市長の政治姿勢を示しているように見えます。

薩摩川内市川永野町字小奈多平６９２４番14は、薩摩川内市の資料では５万８５６３㎡です。鹿児島県とガイアテックとの契約書では、４万６４００㎡です。

なんと１ha余り、１万２１６３㎡も少なくなっています

２９４円　～１９７６年～

「売買契約書はないが、売却価格の参考資料です。これを処分価格と考えてもらっていいです」と出されたのが、「取引事例等」という黒塗りの一覧表です。

土地１㎡当たり１０１円です。

土地総額５９１万円余りです。

立木が１㎡当たり１９３円です。

立木総額１１３０万２６５９円です。

計算すると、土地と立木合わせて、１㎡当たり２９４円となります。

25年後の２００１年、平成13年２月26日に、川内市は、川内砕石に山林を売却しています。

3 取引事例等
（土地）

位置図番号		②		③		④	
事業所名等		[redacted]		川内砕石（有）		[redacted]	
町　字　名				川永野町字小奈多平			
取引区分				売買			
取引年月等				昭和50年11月			
地　目		円／㎡	円／坪	円／㎡	円／坪	円／㎡	円／坪
地目別価額	宅地見込						
	田					[redacted]	[redacted]
	畑						
	山林	[redacted]	[redacted]	101	333		
	原野						
	雑種地						

位置図番号		⑤		⑥		⑦	
事業所名等		[redacted]		[redacted]		[redacted]	
町　字　名							
取引区分							
取引年月等							
地　目		円／㎡	円／坪	円／㎡	円／坪	円／㎡	円／坪
地目別価額	宅地見込					[redacted]	[redacted]
	田						
	畑	[redacted]	[redacted]				
	山林			[redacted]	[redacted]	[redacted]	[redacted]
	原野						
	雑種地						

（立木）

位置図番号		②		③		④	
事業所名等		[redacted]		川内砕石（有）			
町　字　名				川永野町字小奈多平			
取引区分				売買			
取引年月等				昭和50年11月			
地　目		円／㎡	円／坪	円／㎡	円／坪	円／㎡	円／坪
地目別価額	宅地見込						
	田						
	畑						
	山林	[redacted]	[redacted]	193.0	636.9		
	原野						
	雑種地						

議決の手続きがなされました。

「川内市川永野町字小奈多平６９２４番１の一部」となっていますが、「６９３４番14」の隣の「６９２４番20」です。

山林、７万１４５㎡、価格は２７００万円です。

１㎡当たり、約３８４円です。

３８６円　～２００１年～

川内市は、昭和年９月２日に川永野町字小奈多平の市有地、「６９２４番１」から分筆した「６９２４番」を川内砕石有限会社に売却しました。山林５万８５６３㎡。売買契約書不在で、取引事例から１㎡当たり１０１円という薩摩川内市の説明です。

薩摩川内市は平成13年２月26日に、川永野字小奈多平の市有地「６９２４番１」から分筆した「６９２４番20」を川内砕石株式会社に売却した。山林７万１４５㎡、総額２７００万円で、１㎡当たり３８６円。

ガイアテックは川内砕石が社名を変更した会社です。

「６９２４番20」は「６９２４番14」の東に隣接していますが、産廃処分場敷地からは外れています。

２０１０円　～２０１１年～

１㎡当たりの土地の値段の推移を確認しておきたい。

１９７６年、昭和51年は１０１円
２００１年、平成13年は３８６円
２０１１年、平成23年の場合は、24万８７２８㎡が５億円で、１㎡当たり、２０１０円と跳ね上がっているのです。

産廃処分場となる時、地目は約４０００㎡の１カ所だけが山林で、ほかは雑種地と原野となっていました。

公共関与による産廃処分場建設については、場所の選定に対する疑問が何時までも消えない中で、さらに用地代「５億円」について、違法性を唱える動きが出て、まず、税金の無駄遣いへ異議を唱える行動として、「公金支出差し止め請求」の訴訟が起こされたのでした。

公衆用道路

産廃処分場、「エコパークかごしま」の敷地の中に鹿児島県が薩摩川内市と売買契約を結んで買い取った土地が、賃貸借物件の中に紛れて２筆があります。地目は、公衆用道路で２９４㎡、代金は２万４４０２円です。１㎡当たりの単価は83円です。

同じ産廃処分場用地として鹿児島県が個人から購入した原野の１㎡当たりの単価、３９０円と比べ、安いし、これまでの旧川内市から川内砕石への譲渡価格に比べても最も低い価格です。

賃貸借物件の同じ用途ながら、賃貸借物件に比べ、比較にならないほどの違いです。市有地の方が安いという

議案第 1 号
財産の処分について

岩石採取場用地として，次の財産を処分するものとする。

平成１３年 ２ 月２６日提出

川内市長　森　卓　朗

1　土地の地目及び所在地
山林　川内市川永野町字小奈多平６９２４番１の一部
2　土地の面積　７０，１４５平方メートル
3　処分価格　２７，０００，０００円
4　処分の相手方　所在地　川内市西向田町５番１１号
会社名　川内砕石株式会社
代表取締役　岩　崎　保

平成 13 年 2 月 26 日原案可決
川内市議会議長 今別府哲矢
川内市議會議長之印

提案理由
市内川永野町字小奈多平６９２４番１の一部の土地を岩石採取場用地として分したいが，これについては，川内市議会の議決に付すべき契約及び財産の取得又は処分に関する条例第３条の規定により議会の議決を経る必要がある。
これが本案提出の理由である。

	土地の種別	代金:円	面積:㎡	1㎡:円	売買
企業購入	山林・(川内砕石)	5,914,863	58,563	101	1976年(昭和51年)
	立木・(川内砕石)	11,302,659	58,563	193	
	土地＋立木(川内砕石)	17,217,522	117,126	294	
	山林(川内砕石購入)	27,000,000	70,000	386	2001年(平成13年)
鹿児島県買収	公衆用道路・薩摩川内市との契約	24,402	294	83	2011年(平成23年)
	原野・個人との契約	2,877,810	7,379	390	
	採石場跡 ガイアテック外2名	500,000,000	248,728	2,010	

より、賃貸契約という奇妙な形態での購入価格が異常に高価で、ここにはからくりがあることが、裁判の大きな争点として浮上するのです。

縮む地積

鹿児島県が薩摩川内市から購入した公衆用道路は、川永野町字小奈多平6922番74と6922番75です。産廃処分場、「エコパークかごしま」に通じる道路（市道から県道に移管）の近くの用地です。登記記録によると、地目は「公共用道路」となっていますが、平成4年の国土調査で狭くなっています。

6922番74は、311㎡から166㎡に、6922番75は、240㎡から128㎡になっています。

狭くなった地籍に2筆の合計が294㎡です。この面積で鹿児島県と薩摩川内市は契約しているのです。

どのように土地の面積、地積は縮んでしまったのか、なぜ安い価格設定となったのか、知事の計画発表後の様々な疑問の1つとして、複雑に情報が交差する中で、住民たちは真相解明を司法に求めたのです。

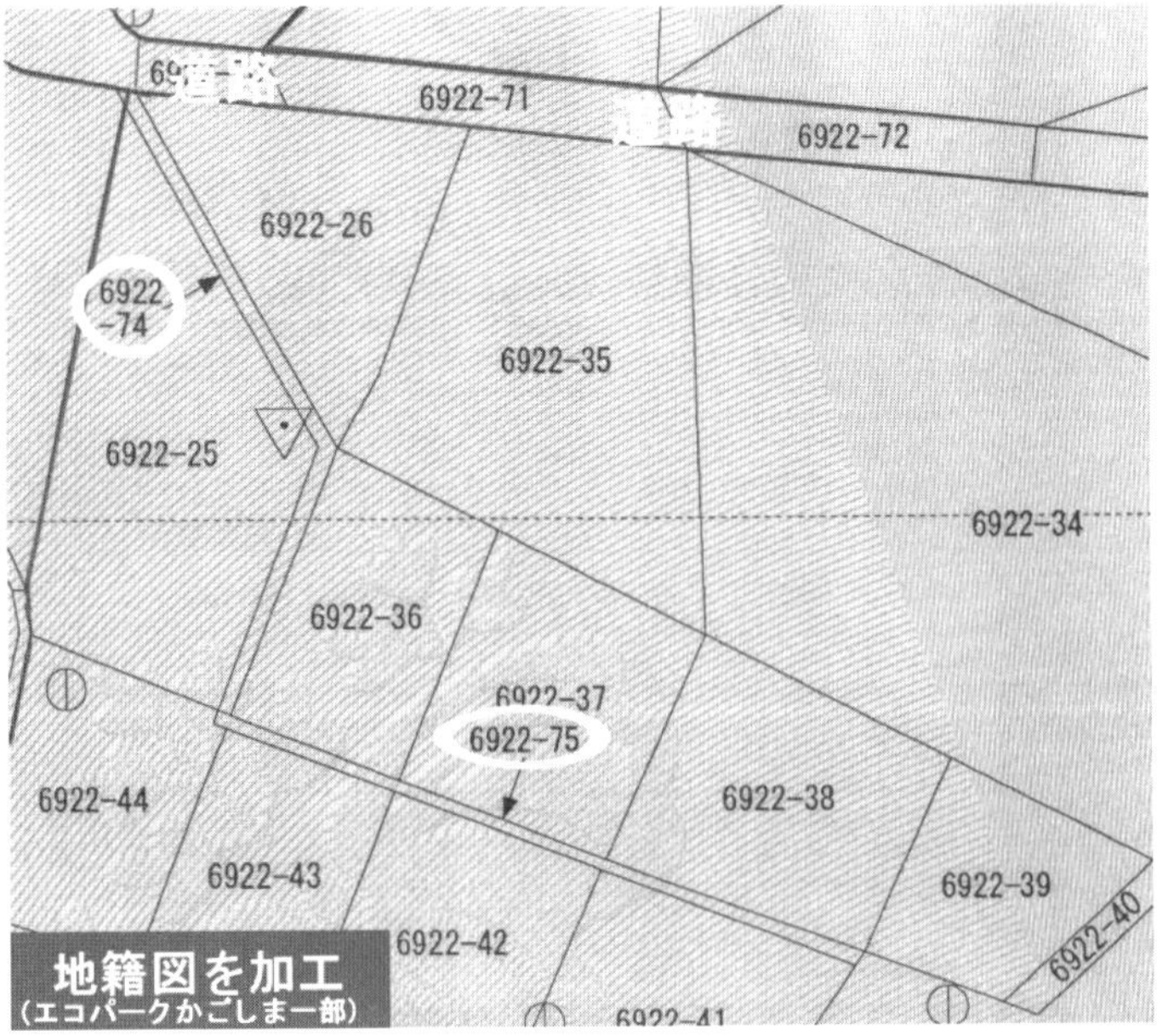

地籍図を加工
（エコパークかごしま一部）

原発城下町

川内市では１９７４年、昭和49年9月、原発が選挙の争点となり「横山・福寿戦争」と語り草となった激戦により、横山市政から福寿市政へと交替しました。10年後、川内原子力発電所は1号機が、翌年には2号機がそれぞれ営業運転に入り、原発城下町の形成です。

管理型産廃処分場が、なぜ薩摩川内市なのかという疑問は、ゲーム的連想として「やがては、原発からの放射性廃棄物が持ち込まれる」という市民のささやきへと連動します。

情報非公開の闇の中で、不透明な憶測や悲観的な思惑が膨張していきます。

裁判の経過

２０１１年、平成23年6月24日提訴
５億円公金支出差止請求提訴

２０１１年、平成23年10月14日
建設差止仮処分命令申立

２０１２年、平成24年5月16日
却下の決定（鹿児島地方裁判所）

２０１３年、平成25年8月29日
建設差止請求提訴（本訴訟）

２０１３年、平成25年11月12日
18億円公金支出差止請求提訴

２０１４年、平成26年6月30日
以後、３訴訟同日審理で進行

裁判所へ　～産廃処分場住民訴訟～（２０１１・０６・２４）

鹿児島県が薩摩川内市川永野町で進めている「公共関与による産業廃棄物管理型最終処分場」建設の是非がついに裁判で争われることになりました。なぜ、冠岳に産廃処分場なのかという場所選びの疑問です。地下水汚染、環境汚染への不安です。住民が聞いても知事は明解な回答を示さない。怒りが爆発したのです。訴状提出の日、原告団と支援の70人が鹿児島市の天文館から裁判所まで行進して、決意を表明しました。

最初の産廃裁判　～公金支出差止請求～

住民を代表して原告となったのは、「冠嶽水系の自然と未来の子ども達を守る会」、「冠嶽の霊山性を守る会」、それに関係地区「大原野自治会」の10人です。

被告は鹿児島県伊藤祐一郎知事です。

平成23年4月8日、鹿児島県監査委員会に対し、産廃処分場建設の用地取得費5億２９０万２２１２円の公金支出の差し止めを知事に勧告するよう求めました。

2カ月余りたった6月6日付けで、鹿児島県監査委員会は監査の結果として「請求には理由がない」として、請求人に通知したため、地方自治法に基づく住民訴訟となったのです。産廃処分場建設をめぐる最初の裁判です。

知事は発表した計画への数々の疑問に答えようとせず、行政の力によって計画が進む中で、答えを求める住民たちは司法の場へと追い込まれたようにも見える構図です。

請求の趣旨

請求の趣旨は「被告は、土地取得にかかる取得金額２８７万７８１０円及び土地賃借にかかる5億円の公金支出をしてはならない」その内訳を別紙で示しています。

訴状の中の土地取得というのは、１個人（ガイアテックとは無関係の地権者）の原野７３７９㎡と薩摩川内市の公衆用道路２９４㎡の費用です。

土地賃借はガイアテックとその関係者２人の土地24万８７２８㎡については、平成23年４月から平成

訴　　状

平成２３年６月２４日

鹿児島地方裁判所御中

原告訴訟代理人

弁護士　馬奈木昭雄
弁護士　高橋謙一
弁護士　増田博
弁護士　本木順也
弁護士　高妻価織
弁護士　森本祥子
弁護士　白鳥努

〒８９２－０８２８　鹿児島市金生町２番１５号ＭＢＣ開発金生ビル７階
弁護士法人 白 鳥 法 律 事 務 所（送達場所）
電 話（０９９）２２７－２６５５
ＦＡＸ（０９９）２２３－０２５４

弁護士　白鳥　努

当事者の表示　別紙「当事者目録」記載のとおり

請求の趣旨　別紙「請求の趣旨」記載のとおり

請求の原因　別紙「請求の原因」記載のとおり

訴訟物の価額　１６０万円
貼用印紙額

請求の趣旨

１　被告は、別紙記載の土地取得にかかる取得金額２８７万７８１０円及び土地賃借にかかる賃借料５億円の公金支出をしてはならない。

２　訴訟費用は被告の負担とする

鹿児島県が、次のとおり土地取得および土地賃借（賃貸借期間終了時に、県に所有権を移転）する。

（１）　土地取得
取得する土地の内容（種類、場所）
（ア）　種類　土地
（イ）　場所　薩摩川内市川永野町地内
契約の内容（取得面積、地目、取得金額）
（ア）薩摩川内市との契約　294平方メートル（公衆用道路）　24,402円
（イ）個人との契約　7,379平方メートル（原野）　2,877,810円
取得の時期　平成２３年４月

（２）　土地賃借
賃借する土地の内容（場所、面積、地目）
（ア）　場所　薩摩川内市川永野町及び百次町地内
（イ）　面積　248,728.84平方メートル
（ウ）　地目　山林、原野、雑種地、宅地
契約の内容（賃借の相手方、期間、賃借料）
（ア）　相手方　株式会社ガイアテック外２名
（イ）　期間　平成２３年４月～平成４０年３月
（ウ）　賃借料　総額５億円

40年3月までの賃貸契約となっています。

契約期間内に5億円支払った段階で、県有地になるという、手の込んだ内容です。

記者会見で知事が「この土地全体を1企業が持っておりますので、用地の確保は容易ではないかと考えております」と話したのとは違うようです。

請求の原因

訴状では、鹿児島県監査委員は原告の措置請求には理由がない旨の通知をしたことに反論して、「本件処分場用地取得の手続が不合理であり、処分場用地取得行為自体が違法である」として、5億円余りの公金の支出差し止め請求の原因であることを主張しています。

「請求の原因」として、「用地取得の目的となっている本件事業自体が違法である」として、次のように3項目あげています。

①本件処分場建設・操業の必要性が全く認められないこと。

②本件処分場には採算性が全く認められないこと。

③周辺住民の人格権を侵害する違法な事業であること。

知事が計画を発表してすぐ、周辺住民が実感したのが「地下水汚染」と「特定企業救済」で、それを反映した内容です。

人格権侵害　～憲法13条違反～

請求の原因として、地方自治法、地方財政法違反とともに、「憲法13条」に違反することをあげています。

鹿児島県にとって、産廃処分場建設・操業の必要性は全く認められないこと。

鹿児島県が進める産廃処分場は採算性が全く認められないこと。

そして、周辺住民の人格権を侵害する違法な事業であることをあげています。

憲法条文にはありませんが、「憲法13条から導かれる基本的人権という考え方で、「原発訴訟」で馴染み深くなっています。

憲法第13条〔個人の尊重と公共の福祉〕

「すべて国民は、個人として尊重される。生命、自由及び幸福追求に対する国民の権利については、公共の福祉に反しない限り、立法その他の国政の上で、最大の尊重を必要とする」

地下水汚染　～しゃ水工への不安～

産業廃棄物管理型最終処分場で処分される廃棄物は、人体に有害な多種類の物質が含有されている。有害物質が施設外に流出すれば、地下水を通じて人体に摂取され、生命・身体・健康に重大な被害を与える恐れがある。このような見地から、廃棄物処理法は、「浸出水が未処理のまま外部に流出しないようにしゃ水工を設けること」を求めている。

従って、しゃ水工自体が破綻することは、絶対に許されないものである。しかし、本件処分場予定地には断層や破砕帯が見られ、およそ処分場建設地には向かない危険な土地であり、本件処分場のしゃ水工は、必ず破綻してしまう。よって、本件処分場の建設・操業は、周辺住民の生命・身体・健康を脅かす、人格権を侵害する事業であり、憲法を含む全ての法体系上、違法である。

特定業者の便宜　～場所の選定～

住民にとって最大の疑問点の場所の選定について、訴状は次のように指摘しています。

「即ち、ガイアテックは自社で産業廃棄物処理事業を行う目的で適地調査を行っていたが、産業廃棄物処理事業には長期資本が必要となることや事業自体が採算ベースにのらないことが、平成19年3月ないし4月頃には、ガイアテック（及びガイアテックの上部会社である植村組）には明らかとなっていたのである。そこで、ガイアテック（及び植村組）はメインバンクの鹿児島銀行とともに、鹿児島県が主体となって本件土地での産業廃棄物処理事業を行うことを被告にもちかけたのであり、これを受けた鹿児島県（ないし被告）はガイアテックが独自に行った適地調査等に関する報告書を前提に事実上、本件土地に産業廃棄物処理施設を建設することを決めた。しかし、このような決定過程を明らかにすることは出来ないことから、上述のように、候補地として、本件土地を含む29箇所の候補地を形式的に掲げ、その中から『細かい検討』等を行った結果として適正に本件土地が最終候補地として選定された、という形式を取り繕ったのである」としています。

さらに平成20年8月20日に鹿児島県環境生活部廃棄物・リサイクル対策課の3人の職員が説明の為に処分場予定地に隣接する冠嶽の鎮國寺を訪れた時の様子を次のように述べています。

「鎮國寺の村井住職らに対し29箇所の候補地のうち、現地調査をしたのは本件土地だけであり、残る28箇所については、伊藤知事が、『ここ（本件土地）だけでいい』と言ったから、しなかった。以上のとおりであり、本件処分場用地取得の手続は、特定業者の便宜を図った極めて不合理なものであって、違法または著しく不当である」

特定業者への別の便宜

特定業者への別の便宜についても、訴状は指摘しています。

「ガイアテックはここで採石事業を行っていたところ、同事業を終了する場合、ガイアテックは、莫大な費用をかけて、土地の原状回復（埋め戻し）及び林地開発をしなければならないことから、それを避ける為に、土地を埋め戻さずに、そのまま有効利用できる方策として、産業廃棄物処理事業への転換を画策したものと思料される。このことは、『採取跡における災害防止のために必要な資金計画』の枠外に、手書きで、『※仮に当該計画で終掘する場合、掘り下がり部分については、土砂捨場として跡地利用をするため掘り下がり部分の埋め戻し費用については計上しない』と記載されていることからも明らかであるといえる」

知事発言　～5月8日の記者会見～

伊藤知事は平成19年5月8日の記者会見で次のように発言しています。

「採石場は今、少しやっています。高さが表面から40数mまで掘り下げていますから、相当長い間、採石していた地域です。昭和46年からですから30年以上ずっと採石してこられて、自分たちで掘り込むのは大変だけれど、採石場として掘り込んでいただいたというのが、今の段階で言えば我々としては、なかなかありがたいということです」

さらに知事は付け加えています。

「企業側としては今持っている資産等の有効活用についての調査研究をしていますので、その中で少なくとも管理型の最終処分場として自分の持っているサイトが活用されるわけですから経済的な価値を生みますので、企業としても極めてウエルカムな話だと基本的に思います」。さらなる便宜がありそうです。

取得金額の不合理性

「鹿児島県がガイアテック等から取得する土地は約24万８０００㎡である。

ところがガイアテックが平成13年2月、薩摩川内市から本件に係る土地の1部約7万㎡を買い受けたことがあり、その時の代金は約２７００万円であった。

１㎡当たり単価は約３８５円である。そうすると、平成13年度当時より地価が低下していること、周辺土地の固定資産評価額が坪当たり約金１００円であること等を考慮しても、ガイアテック外２名に支払われる5億円という代金は不当に高額である」

訴状はそのように指摘した上で監査結果から明らかになったこととして次のように指摘しています。

「賃借料5億円は、土地取得費相当額と補償費相当額を積算根拠としていること、土地取得費相当額については、不動産鑑定士による不動産鑑定評価に基づき、また補償費相当額については、県が委託した補償コンサルタント会社が損失補償基準等に基づき、建物や工作物の移転補償、動産移転補償、移転雑費補償及び立木補償を算定したこと、土地取得費相当額を3900万円、補償費相当額を5億1800万円と算定したこと、この総額5億5700万円から防災調整池及び緑化に要する経費を控除した上で総額5億円としたこと。上記監査結果で判明したとおり、ガイアテック外2名から買い受けた土地の代金は3900万円であるのに対し、補償費相当額が5億1800万円と極めて高額であって、しかも、それは、建物や工作物の移転補償、動産移転補償、移転雑費補償及び立木補償を内容とするものであるが、その具体的内容及び金額が不明であり、かつ、これらの合計額としての5億円が何故に賃借料として支払われるのか、その理由も全く不明である。

加えて、本来、ガイアテックは、埋め戻しの費用を支出しなければならなかったはずであり、その分は当然に賃借金額から控除すべきであるのに、控除されていない。

また、上記のように、ガイアテック自体は事業を廃止するはずであったのだから、同社に営業損失等を補償する必要はないはずである。確かに、上記の項目には、『営業補償』というものはないが、金額の異常な大きさから、移転雑費補償等の補償費が実質的には『営業補償』であると疑わざるを得ない。

鹿児島県が、『そうではない』というのであれば、上記の各補償項目について、具体的に、何に、いくら、補償するのかを明らかにして、各補償項目の正当性を個別に明らかにすべきである。以上のように、鹿児島県が決定した取得金額の不当性、不合理性は著しいものであり、違法な価額決定であることは明らかである」

監査結果の不当性

「原告らは、住民監査請求において、本件処分場予定地の取得費用が不当に高額であることのみを根拠に措置を求めたものではなく、本件処分場建設事業は、その必要性がないこと、採算性にも疑問があること、そして、周辺住民の生命・身体・健康に重大な被害を及ぼす可能性が高いことを指摘して、公金支出を差し止めるように求めたものであるところ、監査結果は、専ら、土地取得にかかる費用の算定根拠を監査したのみであり、そもそも公共関与による産業廃棄物管理型最終処分場を建設する必要性や本件事業の採算性、そして、本件処分場建設事業の安全性については、全く監査していない」

結論

「以上、鹿児島県による本件処分場用地の取得に関する総額5億２９０２２１２円の公金支出の行為は、『最小の経費で最大の効果』の原則を定めた地方自治法2条14項、この『最小の経費で最大の効果』の原則を予算編成の立場から規定した地方財政法3条1項（「地方公共団体は、法令の定めるところに従い、且つ、合理的な基準によりその経費を算定し、予算に計上しなければならない」）、同条2項（「地方公共団体は、あらゆる資料に基づいて正確に財源を補そくし、且つ、経済の現実に即応して、その収入を算定し、これを予算に計上しなければならない」）、予算執行の立場から規定した地方財政法4条1項（「地方公共団体の経費は、その目的を達成するための必要かつ最小の限度をこえてこれを支出してはならない」）に違反するものであって、かかる公金支出は差し止められるべきである。

以上」

17ページにおよぶ訴状はこのように締めくくっています。

雨の日の裁判　～公金支出差止請求～
（2011・09・20）

平成23年9月20日、午後1時、台風15号の雨の中、鹿児島地方裁判所前で傍聴に向かう約80人をテレビカメラが撮影しました。薩摩川内市などから駆けつけました。

産廃処分場建設に伴う住民訴訟、「公金支出差止請求事件」は傍聴席90席の206号法廷が用意されました。

鹿地裁で最大の法廷は満席状態です。

開廷前2分間は報道機関による写真撮影です。

鹿児島地方裁判所前（9・20）

第1回弁論

午後1時10分、久保田浩央裁判長の右に藤田光代、左に竹中輝順両陪席裁判官が着席して、第1回口頭弁論が始まりました。

原告席は8人、被告席は5人着席です。

裁判長「原告は訴状を出しているので、その通り陳述するということでいいですか」

原告側「はい」

裁判長「被告側から答弁書が出ていますので、その通り陳述ということでいいですか」

被告側「はい」

訴状の提出は6月24日、それに反論する答弁書が9月13日、その答弁書への反論の意味を込めて、項目ごとに、説明、釈明を求める、原告第1準備書面が9月14日に出ています。

第1準備書面の証拠確認が行われました。

裁判官「それでは、意見陳述の要望がありました。許すことにします」

裁判長正面で1人6分間の持ち時間です。

意見陳述

冠嶽水系の自然と未来の子ども達を守る会副会長・川畑清明副会長

「冠岳から流れる阿茂瀬川、その下流の大原野など5㎞半径の地域では田畑で良質の水を使い、地下水は3万人から5万人が深井戸で生活し、焼酎や乳業メーカーも利用している。産廃処分場を造ってはいけない場所に、十分な説明もないまま、造ろうとしています。

地域住民に深刻な対立をもたらしました。

住民が納得のいく判断をお願いします」

冠嶽山鎮國寺住職・村井宏彰原告

「寺は住所はいちき串木野市だけど、産廃処分場建設地から1㎞の近さです。

産廃処分場建設地決定は、（知事の）独断で行われています。冠嶽は昔からの霊山、世界の人たちがあがめる山です。その霊山性を知事は全く考慮していない。冠嶽信仰に希望の持てる判断をお願いします」

人格権侵害

原告訴訟代理人・白鳥努弁護士。

「用地取得と賃借契約二重性、施設の建設、運営の不合理性」と公金支出の関連性に加え、「人格権侵害も違法である」と強調しました。

続いて次回の打ち合わせに入りました。

原告訴訟代理人・高橋謙一弁護士

「被告の釈明を待って…」

被告訴訟代理人・野田健太郎弁護士

「書面で答えます」

裁判長

「経緯について整理をして頂く方が、裁判所もより分かりやすい…。原告の求釈明に答える被告の準備書面は…」

野田健太郎弁護士

「11月10日までに書面を出します」

高橋謙一弁護士

「時間を掛けただけのものを期待します」

予定を5分間超過して、午後1時45分閉廷。

第2回弁論は11月22日午後3時からです。

全面対決　～被告・答弁書～

原告弁護団は、鹿児島の弁護士が5人、福岡が2人の併せて7人です。

被告弁護団は、鹿児島が3人、福岡が3人の合わせて6人です。弁護団構成、福岡弁護団の存在に「全面対決の構図」を連想します。

訴状で原告は「産廃処分場のために取得する採石場跡の代金は高すぎるから、公金支出をしてはならない」という請求の趣旨に対し、被告の答弁は「原告の請求はいずれも棄却するとの判決を求める」として、全面的に争うという姿勢を示したのです。

県内29カ所から1カ所を決めた用地選定は「知事の裁量の範囲内の行為といえる」と、住民の神経を逆なでする主張です。

「5億円余りの公金支出」については、土地取得相当額と補償費相当額はそれぞれ、「コンサルタント会社が算定している」と述べ、それを正当性の根拠にしているようです。

最初に結論ありき　～原告・準備書面～

原告第1準備書面では公金の使い方についての数々の疑問点を更に追及しています。

その上で、「『最初に結論ありき』という住民の批判は正鵠《せいこく》を射ているとしか評しようがない」と、古典文学的に住民の見方が初めから核心を得ていることを述べています。

その上で、候補地とされた29カ所から薩摩川内市に絞り込んだ過程について、具体的に明らかにすることを求めています。

採石場所のガイアテックの親会社の植村組が参加している共同企業体が産廃処分場建設を落札していることも問題視しています。

産廃処分場建設賛成と引き替えに交付された「自治会活動支援金」については事実関係、金額、使い道、それらの確認などについても被告側の詳しい回答を求めています。

原告は被告準備書面を見て、さらに反論を展開す

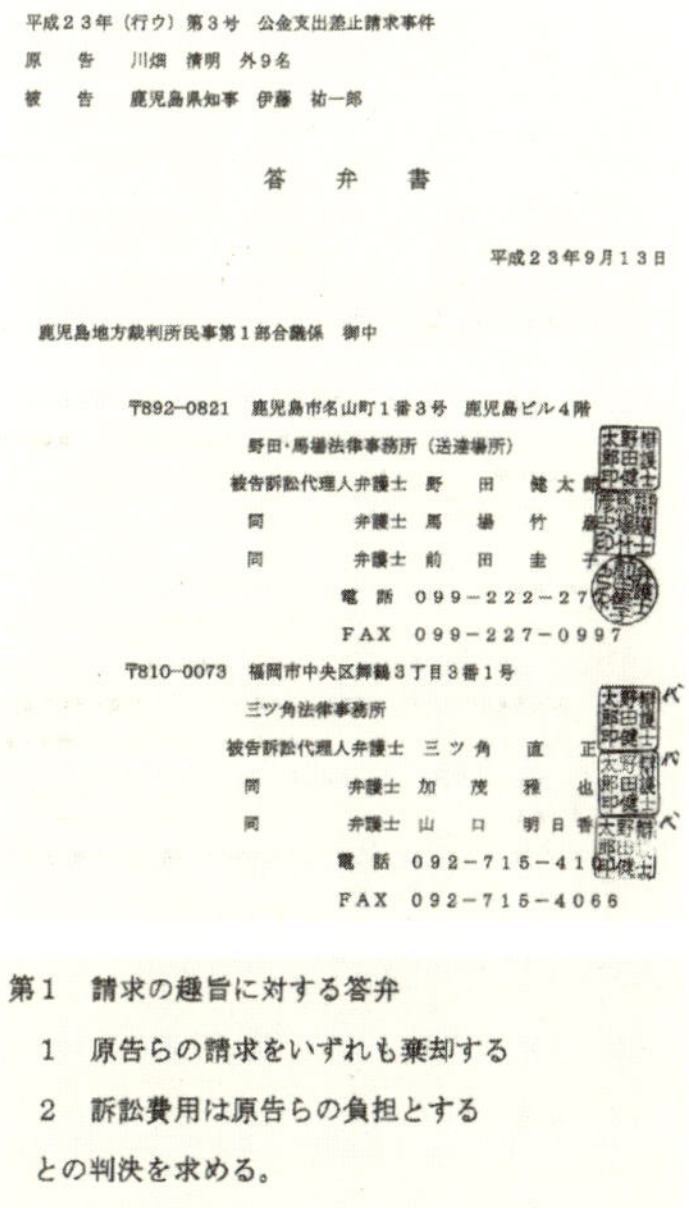
平成２３年（行ウ）第３号　公金支出差止請求事件
原　告　川畑　清明　外９名
被　告　鹿児島県知事　伊藤　祐一郎

答　弁　書

平成２３年９月１３日

鹿児島地方裁判所民事第１部合議係　御中

〒892-0821　鹿児島市名山町１番３号　鹿児島ビル４階
野田・馬場法律事務所（送達場所）
被告訴訟代理人弁護士　野田健太郎
同　弁護士　馬場竹
同　弁護士　前田圭子
電話　099-222-27
FAX　099-227-0997
〒810-0073　福岡市中央区舞鶴３丁目３番１号
三ツ角法律事務所
被告訴訟代理人弁護士　三ツ角直正
同　弁護士　加茂雅也
同　弁護士　山口明日香
電話　092-715-41
FAX　092-715-4066

第１　請求の趣旨に対する答弁
１　原告らの請求をいずれも棄却する
２　訴訟費用は原告らの負担とする
との判決を求める。

ることにしています。

夜明け　～産廃処分場建設現場～（2012・01・23）

大寒2日後の1月23日、月曜日の朝7時前、大型ダンプカーが次々と産廃処分場建設現場に入り、操業再開です。

まだ暗いうちから現場入口で数人がいつものようにプラカードをかざして抗議の意思表示をしていました。

明るくなる頃には、10数人になりました。工事現場は、重機の動きが活発になりました。

杉と竹

午前8時からは土砂を運び出すダンプカーが次々に出ていきました。

産廃処分場建設現場入口
（2012・1・23 午前7時）

それから1時間半ほどたった午前8時半、住民達は同じ薩摩川内市隈之城地区青山町の竹林に移動していました。この日は総勢12人です。

道路脇の杉の林です。以前は畑だったらしい草むらを進むと、孟宗竹が生い茂っていました。杉の木と孟宗竹が混ざり合って生い茂ってます。杉林に孟宗竹がはびこって来ているようです。珍しくない里山の風情です。

薩摩川内市
青山町

下草払い

「下草払い、下草払い」と言いながら、チェンソーを手に竹林に入ります。

杉の木の下の雑草と同時に、はびこった竹を切り払うのです。孟宗竹は大木をも取り巻いてしまって、勢い強く成長しています。こういう所では春、タケノコもあまり生えないといいます。

孟宗竹の根元にチェンソーを当てて、切り込んでいきます。

根元を切られても、ここでは竹が密集していて、周りの竹が支え合って容易には倒れません。

力を合わせて

切った後の搬出が仕事です。昔は馬が活躍していました。この地域では、その馬が、馬頭観音祭りでは綺麗な飾りをまとって鈴掛馬となり、踊り連を従え、シャンシャン馬となり、馬踊りを披露していたのでした。今は、頼りになる馬はもういません。荒れ果てた竹林で機械も使えません。

人力が頼りです。

力を合わせれば、馬にも、機械にも負けない仕事が出来るのです。こうしたボランティア作業は、2年前から始まり、ここでの山出しは4回目です。それぞれが体力と技量にあった作業を自主的にこなしています。力だけで無く、呼吸も合っています。

竹と紙

切り出した孟宗竹は、小型トラックに積みやすいように、3mの長さに切り、1本、1本運び出します。こうして、荒廃林の中で朽ち果てようとしている孟宗竹にも利用価値が出てくるのです。最近は、竹100%の紙を作る技術が確立され、「竹紙」が商品化されました。名刺、カレンダーなど、さまざまな高付加価値製品になるそうです。林業家の高齢化、人手不足で里山の厄介者になってしまった竹に新たな需要先が開けました。九州全域で「サポーター」と称する製紙工場への竹供給者も増えて、地域と企業の新しい絆が芽生えているそうです。

反目と絆

寒い中での作業も1時間もすると汗がでます。10時はお茶の時間です。近所の人の差し入れがありました。誰かが注文、言い出したのでは無く、自発的なおもてなしのようです。

産廃処分場建設は、地域に深刻な反目の構図を作りました。と同時に、同じ考えを持つ人同士の絆を深くするという、新しい地域の取り組みも生み出しているようです。行政が作ってしまった深刻な「反目」の中で、新しい「絆」が芽生え、新しい地域の姿を作っていくことになるのかも知れません。

奥深い漢字

財団法人 日本漢字能力検定協会は毎年年末に一年の世相を表す

漢字一字を募集し、最も多かった漢字を京都・清水寺の森清範貫主の揮毫により発表しています。2011年は、「絆」が「今年の漢字」となりました。だが2位以下にも奥深い漢字があり、産廃処分場に関連して考えさせられるものが多いです。

1位「絆」に続く応募漢字は多い順に次の通りです。2位「災」3位「震」4位「波」5位「助」6位「復」7位「協」8位「支」9位「命」10位「力」11位「水」12位「揺」13位「節」14位「希」15位「生」16位「心」17位「地」18位「原」19位「勝」20位「一」。ついつい、関連付けて見たくなる漢字が多いです。

派生的活動

産廃処分場建設を巡る地域の動きの中にも、年を重ねるごとに、抗議の連呼とは別な派生的活動が育ってきました。

その1つが「資金集め」の活動です。

地区コミュニティ協議会催しの即売会、自治会の野菜栽培、国道脇の無人販売所、資源ごみ集め、竹ほうき作りなど、活動の輪が広がって継続しています。

厄介ものの孟宗竹も、どこか、チップ加工工場に運ばれて行くようです。

「公金支出差止訴訟」と「工事差止仮処分申請」という、2つの司法判断を求めて、「知事との闘い」に誇りを賭ける、市民のもう一つの行動です。

第５章　建設差止請求

本訴訟　～建設差止請求提訴～（２０１３・０８・２９）

鹿児島地裁へ（2013・8・29）

鹿児島県が薩摩川内市で建設を進めている産業廃棄物処分場について、8月29日、建設地周辺、冠岳山麓の住民などの団体の２２４人が原告となり、処分場から有害物質が流れ出し環境を汚染するおそれがあるなどとして、建設にあたっている県の公社を相手取り、建設の差し止めを求める訴えを起こしました。

訴えた相手、被告は鹿児島県の事業主体、公益財団法人鹿児島県環境整備公社代表理事・布袋嘉之です。仮処分申請に続く本訴訟です。

第３の裁判

知事が冠岳山腹の産廃処分場建設計画を発表したのは、２０１７年、平成19年5月8日。

寝耳に水の地元からの場所選定や安全性などへの疑問に十分答える事なしに計画は進みました。疑問への説明を求める地域の「知事との闘い」は法廷に解明の期待をかけました。鹿児島地方裁判所での「知事との闘い」の第１の裁判は、２０１１年、平成23年6月24日提訴の産廃処分場建設に伴う用地費5億円の「公金支出差し止め請求」。

第２の裁判は２０１１年10月14日の「産業廃棄物管理型最終処分場設置等差止仮処分命令申立」です。仮処分申請は２０１２年5月に却下、福岡高等裁判所宮崎支部への即時抗告も２０１３年3月に棄却でした。敗訴を受けての本訴訟が３回目の裁判です。

第１の裁判の白鳥弁護士、第２の裁判の高橋弁護士に加えて、第３の裁判では美奈川成章弁護士が参加です。冠岳山麓が待ちに待った「知事との闘い」の裁判の幕開けです。

請求の趣旨と原告団

訴状はまず、「産業廃棄物最終処分場を建設、使用、操業してはならない」としていて、工事が終わっても、裁判は継続出来る請求の趣旨となっています。

訴えを起こした当事者、原告は3団体となっています。

まず、鹿児島県が規定した関係地区で「3億円の自治会活動等支援金交付」の中で、支援金受け取りを拒絶している「川永野町大原野自治会」地区の住民12人です。

そして、ほかの関係地区、川永野町自治会、木場茶屋町自治会、百次大原野自治会と関係地区以外の下流域の都町、山之口町、矢倉町、勝目町の自治会の中から100人で、「冠嶽水系の自然と未来の子ども達を守る会」の参加者です。

さらに冠嶽山鎮國寺の僧侶、信徒、縁者で、いちき串木野市、日置市、薩摩川内市、霧島市、鹿児島市、長崎県諫早市などより広範囲に112人です。

訴　　状

平成25年8月29日

鹿児島地方裁判所　御中

原告Aら訴訟代理人弁護士　白　島　　努
同　弁護士　増　田　　博
同　弁護士　本　木　順　也
同　弁護士　下之薗　優　貴
同　弁護士　小　堀　清　直
同　弁護士　森　　雅　美
同　弁護士　山　口　政　幸
同　弁護士　大　毛　裕　貴
同　弁護士　岩　井　作　太
同　弁護士　井　口　貴　博
同　弁護士　中　山　和　貴

原告Bら訴訟代理人弁護士　高　橋　謙　一
同　弁護士　馬奈木　昭　雄

原告Cら訴訟代理人弁護士　美奈川　成　章
同　弁護士　丸　山　和　大
同　弁護士　藤　村　元　気

当事者（原告ら）の表示　別紙原告目録A、同B、同C記載のとおり

原告ら代理人の表示　別紙原告ら代理人目録A、同B、同C記載のとおり

当事者（被告）の表示　別紙被告目録記載のとおり

産業廃棄物処分場建設差止請求事件

訴訟物の価額　3億5840万0000円
（計算式　1,600,000円×224人=358,400,000円）
貼用印紙額　109万7000円

第1　請求の趣旨
1　被告は、別紙物件目録記載の土地について、産業廃棄物管理型最終処分場を建設、使用、操業してはならない。
2　訴訟費用は被告の負担とする。
との判決を求める。

第2　請求の原因
1　当事者
(1)　原告ら
ア　関係4地区に居住するもの
(ｱ)　本件処分場に隣接する地区で、かつ、鹿児島県が「関係地域」と認め、事前協議の対象とした地区として、①川永野町大原野、②百次町大原野、③川永野、④木場茶屋の4地区がある(以下「関係4地区」と総称する。なお、県は関係4地区を自治会単

不法行為と霊山性　～原告の主張～

原告が主張する不法行為は産業廃棄物最終処分場施設の機能が損なわれることにより、住民の生命、身体、財産を侵害する恐れがあるという内容です。そして、建設地である伝説と史跡の山岳、冠岳の霊山性を損なうことで、原告の宗教的人格権を侵害する恐れがあると理由を加えています。

霊山性に関する「宗教的人格権」の侵害はあるものの、仮処分申請での「人格権」はなく、「不法行為」で争う姿勢を示しているのが本訴訟です。

弁護団記者会見

訴状提出の後、裁判所の近くの鹿児島県弁護士会館で原告弁護団による記者会見が行われ、そこで、訴状の写しとともに、次のようにわかりやすくまとめた広報文書が配布されました。

「本日私たち薩摩川内産廃処分場建設差止め訴訟原告団合計２２４名は鹿児島地裁に差止め訴訟の訴状を提出いたしました。

本件処分場は、鹿児島県環境整備公社が、薩摩川内市川永野町に埋立面積４７，０００㎡、廃棄物の埋立量６００，０００㎥で建設中のものです。

原告団は、この処分場が完成・稼働すれば、①地下水汚染によって生活を脅かされるおそれのある地域住民（鹿児島県も直接影響を受けると認めた関係地区の住民と川内川流域に住む住民とがあります）及び、②霊山である冠嶽の霊山性が損なわれ、宗教的な人格権が侵害されると考える宗教法人鎮國寺及びその関係者（地下水のつながりによって湧水を日常飲用している人々は①の人々と同じ恐れを抱えています）です。

訴えの主旨ですが、まずこの処分場は、構造上産業廃棄物が多量に堆積すれば、湧水が極めて多いことも原因となって、法面や底面に不同（不等）沈下が起こり、コンクリートや遮水工（処分場内の水が外部に漏れないように設けられる不透水性の層）が破壊され、産廃に含まれる有害物質が漏れ出す危険性が高いということです。遮水の要となっている遮水シートが簡単に破れることは東京電力福島原子力発電所の汚染水プールの漏出事故を見れば明らかです。

さらに、処分場の東側には土砂崩れの起きる恐れのある複数の砂防指定地や急傾斜地崩壊危険箇所があり、西側には地滑りの起きる恐れのある斜面があって処分場自体が崩壊に至る危険な立地と言わざるをえません。

また、冠嶽を霊山として信仰する人たちは、豊かな自然とくに清浄な水の存在が霊山性を支えるものと考えてきたのですが、巨大な人工物であり、地下水汚染などの危険性の高い処分場が建設されることに断固として反対です。

結論として、産廃処分場は汚染水流出の可能性をゼロにすることは不可能なのですから、万一の場合、汚染水が漏れたとしても被害を最小限にとどめるため、水源の近くではなく、地下水汚染のおそれの低い場所に建設するべきなのです。

同様に、霊山信仰をする人たちの宗教的人格権を侵害しないよう、霊山の麓に巨大で危険な人工物を建造することは慎まなければならないのです。

私たち原告団のこの訴訟への思いを御理解いただき、よろしくご協力くださるようお願いいたします。

２０１３年８月29日

薩摩川内産廃処分場建設差止め原告団一同」

裁判への理解と支援の呼びかけです。

これまでとは違う、原告団からの懇切丁寧な情報発信です。

汚染水

仮処分申請への却下処分から1年3カ月たっての本訴訟について、「何故遅くなったのか」という趣旨の質問が記者から出ました。これには美奈川成章弁護士が答えました。

「水、遮水工については、新たに研究者に書類を書いてもらった。何回も現場に足を運んで、新たな証拠を集めた。福島原発の汚染水漏れについ

原告団記者会見
（弁護士会館）

ても、別の専門家に頼んで、詳しく調べるように頼んだりした」

このように、敗訴となった仮処分申請の反省を踏まえ、新たな法廷戦術としての「地下水の流れや汚染の危険性を中心とした水論争」への意欲をのぞかせていました。

産廃処分場と原発ごみ

冠岳山麓で語られてきたのが、「川内原子力発電所の放射能ごみ」が建設中の産廃処分場に持ち込まれるのではないかという噂話や憶測話です。知事が自ら計画を発表しながら、場所選定の説明不足のまま計画が進む中で、「企業救済」というひと言に加え、多額の費用にさらに工事費を追加し、採算を度外視しているかに見えることが、「隠れた目的」として真実みを帯びてきています。

最近、切実なのが、東京電力福島第1原子力発電所の高濃度の放射能汚染水の海への流出です。

最初は遮水シート張りの地下タンクでの漏洩でした。東京電力は地下タンクをすぐあきらめて、陸上タンクに移し替えました。遮水シート張り地下タンクを簡単に断念したことが遮水シートに対する専門的信頼性の低さを印象づけました。より信頼性の高いはずの鋼鉄製タンクからの高濃度放射能汚染水の漏洩が次々に発覚し、決定的な対策のないことが深刻です。産廃処分場と原発ごみのもう一つの関連する問題です。

産廃3訴訟同日審理　（2014・04・14）

２０１４年、平成26年4月14日に鹿児島県が薩摩川内市で建設を進めている産業廃棄物処分場についての3件の訴訟の口頭弁論が鹿児島地方裁判所で、開かれました。最初の5億円公金支出差止請求は、15回目、次の建設差止請求と19億円公金支出差止請求はともに3回目弁論で、前回2月4日弁論から同日審理となり、今回、本決まりです。

午前10時30分

平成２３年（行ウ）第3号

公金支出差止請求事件

原告　川畑清明　外

被告　鹿児島県知事

伊藤祐一郎
午前11時00分
平成２５（行ウ）第１０号
公金支出差止請求事件
原告　川畑清明　外
被告　鹿児島県知事　伊藤祐一郎

午前11時30分
平成２５（ワ）第４９６号
産業廃棄物処分場建設差止請求事件
原告　山之口義和　外
被告　公益財団法人鹿児島県環境整備公社

民事第1部合議係
裁判長　鎌野真敬
裁判官　長　丈博
裁判官　岩見貴博
裁判官は人事異動で3人のうち2人が交代です。
40席の２０２号法廷は、8割ほどが埋まっています。
薩摩川内市からは15人程度です。

建設差止請求

産業廃棄物処分場建設差止請求事件は、ひと波乱でした。

定刻開廷の始め、裁判長は「裁判所の構成が変わりましたので、弁論更新の手続きを取りますが、主張書証は従前通りということでいいでしょうか」と形式通りの確認です。

すかさず、原告側から発言です。

美奈川成章弁護士「争点を明らかにするために、少しばかり口頭で説明しようかと考えておりますけど、いかがでしょうか」

裁判長「えーと、何分くらいですか」

美奈川弁護士「まあ、10分くらい。外には予定しておりませんので」

この時、裁判長は「へーっ」と苦笑い。

裁判長「えーと、訴状の内容は、一応拝見しておりますので」

美奈川弁護士「いや、それは重々承知しております…」

裁判長「えーと、簡潔に、2、3分位であれば、まあ、あのう…、とも思いますが、そのくらいで出来ますか」
美奈川弁護士「2、3分というのは…、5分位は…」
しばし沈黙。
裁判長「ではよろしいですかね、もう、あのう」
美奈川弁護士「では、あのう、2、3分では、これで、意義のある話にはならないとは思いますが、出来るだけ短くしたいとは思っております」
裁判長「それでは、出来るだけ簡潔にということで…」としぶしぶ、発言許可です。
美奈川弁護士「まず、本件の当事者について簡単に申し上げますが、本件処分場隣接地区で水、これは井戸水、簡易水道、農業用水として使っている原告たち、それからもう一つ、冠岳の信仰を共にした宗教法人鎭國寺とその信者たちの集まりがもう一つの原告である」
平成22年10月13日、当初の着工でしたが、次のように、竣工、契約金額が変更されていたことを訴状に沿って述べ、さらに続けました。

不法行為と人格権

美奈川弁護士「本件は不法行為にもとづく差止請求。これは将来、人格権にもとづく差止請求についても付加する可能性がありますので、この点も付け加えたいと思います」と切り出し、その後も、浸出水の漏洩の危険性や「五反田川活断層」の問題など指摘、それに加えて、冠岳の霊山性などを交えて、数分間で締めくくりました。

裁判長は「不法行為と人格権」について反応しました。「不法行為で差止請求権が発生するかというと、これはなかなか難しい問題があるかなと、人格権にもとづく差止の主張も追加される予定だということなので、その法律構成は原告の方でご検討いただけますか」

この指摘は、裁判所の訴訟指揮のようで、「人格権」が今後の審理の大きな争点になることを傍聴席にも強く印象付けました。

産廃処分場による地下水汚染の心配、これが人格権の原点です。川内川に通じる下流域は川内で一番の人口密集地帯です。

公金支出差止請求2件

平成23年提訴の「土地代金上乗せの補償金5億円」の公金支出差止請求1件目は証人尋問が目下の焦点です。原告が知事の証人尋問を申請したのに対し、被告県側は、担当職員を考えました。

だが、担当職員が4月の定期異動で東京に転勤になり、検討中と釈明して、6分間で終了です。

もう1件の公金支出差止請求事件、「工事契約金追加の18億円余の公金支出差止請求事件」は、原告、被告双方、それぞれ2回目の準備書面を提出して陳述することになりました。建設中の産廃処分場の採算性が問題になっているようです。

産廃処分に関して、「採算がとれないから、公共関与はいけない」とか、「公金を支出してはいけない」という論法が行政、議会ではともかく、司法の場では、どのように裁かれるのだろうか。

それにしても、約77億円余りの契約に対し、18億円余を追加したということは、工事の期間も内容も大幅な変更があるはずです。

そこが議会からも、法廷からも伝わってこない。

不法行為から人格権へ

訴えの変更　～建設差止請求～　（2014・09・16）

裁判長「平成25年（ワ）第496号ですが、原告代理人、7月10日付『訴えの変更申立書』、9月11日付第2準備書面、陳述しますね」

原告代理人「はい」

裁判長「被告代理人も9月11日付準備書面（1）と同日付準備書面（2）の陳述…」

被告代理人・野田健太郎弁護士「はい」

引き続き、証拠書類の確認。

裁判長「今後の進行ですが、いかがですか」

原告代理人・美奈川成章弁護士「被告の準備書面、かなり詳細なモノが出ておりますので、これに対する反論をしたいと考えております」

裁判長「被告の方いかがですか」

被告代理人・野田健太郎弁護士「原告の書面を見てから対応したいと思います」

人格権侵害を追加　～訴えの変更申立書～

原告側が7月10日付で裁判所に提出した「訴えの変更申立」は、一応、6月に出来ていました。

「従前、原告は、不法行為に基づく差止請求権を主張していた。

ところが、前回期日において、裁判所から『不法行為に基づく差止請求は難しい』旨の表明がされて訴訟物の変更を勧告され、かつ、原告においても人格権に基づく直接の差止めが肯定されるのであれ

平成２５年（ワ）第４９６号　産業廃棄物処分場建設差止請求事件
原　告　　山之口義和外２２３名
被　告　　公益財団法人鹿児島県環境整備公社

訴えの変更申立書

平成２６年７月１０日

鹿児島地方裁判所民事第１部合議係　御中

原告訴訟代理人弁護士　白　鳥　　努

同弁護士　髙　橋　謙　一

同弁護士　美奈川　成　章

頭書事件について，原告は以下のとおり申し立てる。

第１　従前の原告の主張

従前，原告は，本件訴訟の訴訟物として不法行為に基づく差止請求権を主張していた。

これは，生命，身体の安全や精神の自由といった憲法上の身体的及び精神的人格権の存在を前提にしても，公法・私法二元論及び憲法の私人間への直接適用の否定という法解釈学の基本からして，私人間における人格権の侵害は不法行為に該当するものである以上，その侵害に対する差止請求の直接の根拠は，結局のところ不法行為の効果によるものと解すべきと考えられるからである。

第２　請求原因の追加的変更

1

ところが，前回期日において，裁判所から「人格権に基づく差止請求の構成を検討されたい」旨述べられ，かつ，原告においても人格権に基づく直接の差止めが肯定されるのであれば，これをあえて否定する理由もないことから（故意過失の立証が不要になるなど原告にとっては有利となる。），今回，人格権侵害に基づく差止請求権を請求原因として追加的に変更するものである。

第３　「追加的」の趣旨

ところで，不法行為発生時にいかなる構成によって差止請求権を認めるかは，大きく分けて，被侵害利益の権利性に着目した「権利説」と，不法行為の効果としてこれを認める「不法行為説」とに分かれる。

更に細かくみると，前者には，生活妨害等に対しても土地等の所有権に仮託して差止請求権を認めようとする「物権的請求権説」や，一般的人格権や個別的人格権などの人格権の存在を前提にその排他性から直接に差止請求を認める「人格権説」などがあり，後者には，被侵害利益と社会的影響を比較衡量して違法性を判断し，差止の可否を決する「受忍限度論」や，被侵害利益の種類により利益衡量を行わずに直ちに差止を認めるべきとする「二元説」などがある。

この点，最高裁は，精神的自由に関するものであるが，北方ジャーナル事件（最判昭和61年6月11日）において「人格権としての名誉権」を認め，また，石に泳ぐ魚事件（最判平成14年9月24日）において，名誉毀損，プライバシー侵害及び名誉感情の侵害行為の存在を前提に「人格的価値を侵害された者は，人格権に基づき，加害者に対し，現に行われている侵害行為を排除し，又は将来生ずべき侵害を予防するため，侵害行為の差止を求めることができる者解するのが相当である。」と判示しており，人格権に基づく差止請求を肯定している。

もっとも，かかる判例が，不法行為に基づく差止請求権を否定するものであるかというと，そうではない。最高裁は，これまでに不法行為に基づく差止請求権が認められるか否かについて，未だ判示していないのである。

そして，人格権説に対しては，「権利」に至らない「人格的利益」に基づく差止請求が認められるのか否か，言い換えればその差止請求権の外延が曖昧であるという批判がなされており，かかる観点からすれば人格権説を全面に肯定し，

2

不法行為説を否定することには躊躇を覚えるところである。

実際，研究者間の債権法改正の議論の中では，物権の差止の根拠は物権法の中に物権的請求権に関するものを置き，債権の差止めは不法行為の効果として差止めを認める旨の明文規定を置くという方向性が示され，物権以外の差止請求権は不法行為の効果として生ずるものという方向性が示されていた（民法改正研究会編『民法改正と世界の民法典』信山社130頁以下。）

かかる状況に鑑み，本件においても，人格権に基づく差止請求権を訴訟物として追加するものの，従前から主張していた不法行為に基づく差止請求権についてもこれを残すこととした。

以上

3

ば、これをあえて拒否する理由もないことから（故意過失の立証が不要になるなど原告にとっては有利となる）、今回、裁判所の勧告に従って、人格権侵害に基づく差止請求権を請求原因として追加的に変更するものである」と変更の理由を述べています。

その上で、「人格権に基づく差止請求権を訴訟物として追加するものの、従来から主張していた不法行為に基づく請求権についてもこれを残すことにした」と結んでいます。

人格権　～建設差止仮処分命令申立～

申立から約7カ月後の２０１１年（平成23）５月16日に出た、「産廃廃棄物処分場建設差止仮処分命令申立事件」の決定書で鹿児島地方裁判所は、裁判の主な争点を次のようにまとめています。

①建設の地盤の脆弱（ぜいじゃく）性等、②飲料水及び生活水の確保に関わる人格権の有無、③農業従事者の水利権の有無、④鎮國寺及び信者の信教の自由・宗教的人格権の有無などです。「人格権裁判」という認識を明確にしています。その上で、裁判所は、双方の主張をならべて、一つ一つに判断を示しています。

最後に「以上によれば、本件申立てはいずれも被保全権利の疎明を欠き、保全の必要性について判断するまでもなく理由がないから、これを却下することとし、主文のとおり決定する」。

ちなみに「疎明」とは、広辞苑によりますと、「係争事実の存否につき、裁判官がいだく、たぶん確かであろうとの推測にとどまる程度の心証。また、裁判官にこの程度の心証をいだかせるための当事者側の行為」とあります。

「説明不足だから、本訴訟をどうぞ」と裁判所が促しているようにみえました

2　争点

本件の主要な争点は，被保全権利につき，①本件処分場整備地の地盤の脆弱性等（ⅰ熱水変質粘土の有無，ⅱ断層破砕帯の有無，ⅲ斜面崩壊の危険性の有無，ⅳ地下水の影響の有無，ⅴその他の地盤の脆弱性の有無），②債権者Ａ及び債権者Ｂの飲用水及び生活用水の確保に係る人格権侵害の有無，③債権者Ａ中の農業従事者の水利権侵害の有無，④債権者鎮國寺及び債権者Ｂの信教の自由・宗教的人格権侵害の有無，そして保全の必要性であるところ，争点に対する当事者の主張の要旨は，以下のとおりである。

(1)　本件処分場整備地の地盤の脆弱性等

（産廃処分場建設差止仮処分命令申立決定文より）

人格権から不法行為へ　～建設差止請求～

人格権とは、身体・生命・自由・名誉といった人間と切り離すことの出来ない権利のこと。

特に法律で定められているわけではないが、「憲法上の生存権と解釈される基本的人権」にも通じる考え方です。

憲法第二十五条に次のような条文があります。「すべて国民は、健康で文化的な最低限度の生活を営む権利を有する」

不法行為は、民法の規定です。

民法の第五章に、不法行為の規定をまとめています。

７０９条（不法行為による損害賠償）

故意又は過失によって他人の権利又は法律上保護される利益を侵害した者は、これによって生じた損害を賠償する責任を負う。

７１０条（財産以外の損害の賠償）

他人の身体、自由若しくは名誉を侵害した場合、又は他人の財産権を侵害した場合のいずれであるかを問わず、前条の規定により損害賠償の責任を負う者は、財産以外の損害に対しても、その賠償をしなければならない。

産廃処分場建設差止請求では、「人格権」による仮処分申請が敗訴し、「不法行為」を根拠に、本訴訟になりました。そして、また「人格権」となりました。

> 3　不法行為について
> 本件訴訟において原告が主張する不法行為は、①本件施設の設備・機能が損なわれることにより原告の生命・身体・財産を侵害するおそれが存在することを理由とするもの、②本件施設の存在が、その建設地である冠嶽の霊山性を損なうことにより、原告の宗教的人格権を侵害するおそれが存在することを理由とするものからなる。
> そして、前者（①）については、①′本件施設の遮水機能が損なわれて産業廃棄物からの浸出水が施設外に流出することによるもの、②′外的環境を要因として施設の設備自体が破壊されて産業廃棄物が流出することによるもの、に分けることができる。
> 以下詳論する。　（産業廃棄物処分場建設差止請求訴状より）

原発と人格権

２０１４年（平成26）5月21日、福井県おおい町にある、関西電力、大飯原子力発電所3号機、4号機の再稼働をめぐる訴訟で福井地方裁判所は住民側の訴えを認め、運転をしてはならないという命令を言い渡しました。

福井判決は、操業差止命令で、その理由を次のように述べています。

「個人の生命、身体、精神及び生活に関する利益は、その総体が人格権といえる。生命を守り、生活を維持するという、人格権の根幹部分に対する具体的な侵害のおそれがあるときは、侵害行為の差し止めを請求できる（以下省略）」

そして「結論」を次のように結んでいます。

「原告らのうち大飯原発から250㎞圏内に居住する者は、本件原発の運転で直接的に人格権が侵害される具体的な危険があり、請求を求めるべきである」

次回期日は12月15日月曜日午前10時半から進行協議、午前11時から、3裁判弁論です。

２０１４・１２・１５

平成26年12月15日、鹿児島地方裁判所２０２号大法廷で、産廃処分場建設3裁判です。

まず産業廃棄物処分場建設差止請求事件です。

裁判長「平成２５（ワ）４９６号事件から始めます。原告の第3準備書面の中で、求釈明がいくつかございますが、いかがされるでしょうか」

被告代理人「若干時間をいただきたい。技術的な問題で、2月末までにはと思っています」

裁判長「原告代理人はいかがでしょうか。まあ、2月末メドということですが、早めに出せるものは早く出すということで、お願いします」

午前11時からの3訴訟の口頭弁論は、7分間でおわりました。

傍聴の約20人は場所を移して、弁護士から弁論の内容などに説明を受ける報告集会です。

報告集会

建設差止請求に関心が高まりました。

美奈川弁護士

「最初に差止訴訟の方で、特に今回準備書面で前に、被告が主張したことについて、いろいろと反論をしたうえで、どう

しても求釈明をしたいと、向こうに明らかにしてほしいということがありました。非常に専門的になりますけど、わかりやすく、説明してもらいます」

手抜き工事の指摘

丸山和大弁護士「今回、準備書面を担当した、弁護士の丸山といいます。一つ最大の問題になっているのは、処分場の下がとても深いのですね。そこに、充填コンクリートで平らにした上で、砕石層といって、砕いた石をばらまいて、それを敷きならして、敷きならしというのは、こう平面にするのですね。そこへ転圧と言って、圧力をかけなければいけないのですね。その圧力のかけ方が果たして、適正だったのか、圧力が適正でないと、そこが沈んじゃうんですね、壊れちゃうと。非常に重要な問題なのですね。転圧の方法とその基準、一番重要なのは基準なんですね、その基準値の設定が適正だったのかどうかということと、基準通りに施工されていたのかというところについてですね、中心的に求釈明をおこなったところです」

これは「手抜き工事の指摘」ということになるのではなかろうか。もし、手抜き工事ということになれば、下流域全体の環境権、人格権の問題がいっきに広がることにもなりそうです。

監視活動の登場

高橋謙一弁護士「岩崎さん、松野さんが、半年ぐらい前からずっとあそこを見ているから、砂利をまいて、締めつけただけと、空間を利用して水を貯めると言っていたのだから、転圧と矛盾するじゃないかと言うようなことをおっしゃっていた。私共もその話を聞いて調べてみたら、確かにちょっとわからない。転圧は30㎝ずつするはずなんです。向こう側の試験も30㎝ずつやっているようなんですね。これが、6、7m砂利が敷かれているところがあるんですよ。そうしたら、6mだったら、30㎝ずつだったら、20回しなければならない。本当にそんなにしとるんやろうかと、いうようなことがありましてですね、向こうの資料を見てもそれは全然出てこないのですよ。(中略)釈明を求めて聞き直そうということになっています。もし転圧している証拠が出てこなかったら、問題になると思います」

地元の監視活動の結果が裁判の場に登場すること
になりそうです。

土石流と急傾斜地の危険性

美奈川成章弁護士「そのほかに差止訴訟、それは
どんなものかというと、阿茂瀬川、あそこは砂防ダ
ムがあります。砂防指定地です。もしあそこで土石
流が流れたら、処分場の盛土の方ですね、川に近い、
こちらの方が決壊してしまう恐れがあるのではない
か。前回、被告の方は方向が違う、阿茂瀬川が流れ
て突き当たりに処分場があるんであれば、そのよう
になるんかも知れないが、鋭角にカーブしない限り
あり得ないと言っています。

それに対してこちらの方からはインターネットな
どで探した土石流について、広島の土石流を含めて、
鹿児島でもね、出水の土石流、それに大隅、南大隅
町の土砂災害の資料がございます。

もう一つ、急傾斜地というのが、採石場のプラン
トのあったところ、それの上が、ほとんど伐採され
ています。禿げ山になっています。そこが壊れる恐
れがあるということです」

土石流と急傾斜地の危険性があるという主張を展
開することです。

平成27年8月31日、午前11時。鹿児島地方裁判所
202号大法廷で産廃処分場建設3裁判です。

建設・操業差止請求事件

裁判長「原告代理人の方で8月25日付け、第5準
備書面を陳述されますね。何かありますか」

原告代理人・美奈川成章弁護士「3つを争点と考
えております。

1、急傾斜地の危険性。2、転圧に関する問題。3、
それから浮島とそれに関する問題についてのテーマ
の設定。被告の方も反論はないのではないかと思う。
これについては今後、作業安全日誌は業者が所持し
ているということですので、これについて調査、回
答をお願いしたい。すでに出しているという調査回
答についても、この点についても、求めていきたい
と考えております」

裁判長「被告の方は…」

被告代理人・野田健太郎弁護士「準備書面にして
…」

原告団報告集会

弁護士待合室で原告弁護団による法廷でのやりとりについての解説がありました。

美奈川成章弁護士「ご苦労さまです。今日はヤッパリ台風の後片付けとかで、皆さんのお顔、少ないですね。（傍聴者13人、弁護士7人）大変でしたね。処分場の方も屋根が飛んだり、急傾斜地のほうで…。今回原告の方で出した準備書面は、砂防ダムのこと、それから地盤が急傾斜地ではわからないといっているけど、あれは県の方が薩摩川内市に圧力をかけて、こちらが聞き出したことについても、わからないとしようとしているけど、急傾斜地は釣り鐘を伏せたような形をしているのですけど、地盤の方は地形と違って当然だというようなことを主張したものです。裁判所の方も、その辺のことはわかってくれるものと思います。

被告の方は、緑は回復しているとしているが、処分場側から撮った写真ですね、あれは、もっと近くによって、（こちらは）ドローンですぐ近くからクローズアップしているので、陥没と沢というふうに、あとは転落している石の問題なんかもあるんですけど、余りにもバカバカしいのでとても真摯な主張とは思えないのですけど…。

今後はですね、転圧とか、浮島の問題に関して、むこうの方の作業工程を明らかにする、作業安全日誌というものが公社ではなくて、施工業者の手元にある、これは予想できたことなのですけど、手続き的には、裁判所からこの点について説明してくださいと、毎日の安全操業はどうしていたのか、資料として添付して回答してくると思います。

霊山性をめぐる論争はいまは小休止です」

転圧・浮島対応検討会

丸山和大弁護士「今回相手方から、8月26日付けで、こちら側から、浮島、転圧の問題について釈明を求めた。ちゃんと転圧したのならその資料を出してくださいよ、浮島がないというなら、その写真を出してくださいよとしていたんですけど、その一応の回答があっています。これから精査して、こちらから必要な反論を行うというところがまず1点と、それから、今回、安全衛生日誌というのが問題になっているのですけど、先ほどの法廷で美奈川弁護士から言及があったように、工事がどのように行われたかの、生データを出してくれという申立をやろうかなと考えています」

高橋謙一弁護士「関連して、浮島についても今回、回答してきました。いろいろ出ているようなので、川畑さんとか、松野さんとか、北畠さんあたりと、資料を見ながら、多分、作業日報が出なけりゃ話にならないでしょうけど、9月中には検討会を開きたいと思っています」

マスコミ対応と傍聴者論議

白鳥努弁護士「今日ですね、南日本新聞から取材の要請があって、また関心を持ってもらおうと思っているのでドンドン報道の方にも情報を出していきたいと思っております。出来れば、集会のことも早めに計画を立てていただければ、私の方からマスコミに早めに案内を出して、場所が川内ということですので、時間と、記者会見の時間はあれでいいのかということなど…」

白鳥弁護士は、川内原発の運転差止を求める訴訟団の事務局長をつとめていて、報道との接触の機会も多く、マスコミ対応への認識を新たにしたようです。

川畑清明守る会副会長「9月18日、午後7時から集会を開くようにセントピアを予約し、弁護団会議、記者会見もその日に考えています」

浮島、転圧等については、松野、川畑、岩崎諸氏、次々に発言して、弁護団と傍聴者との間で論議が盛り上がった裁判傍聴でした。

産廃訴訟集会

（2015・09・18）

2015年、平成27年9月18日夜、薩摩川内市勝目町の公共施設、セントピアに原告や支援者約80人が参加して、産廃訴訟集会が開かれました。集会参加者には、次のような訴訟報告の資料が配付されました。

訴訟報告

（1）平成23年（行ウ）第3号　公金支出差止請求事件　平成23年6月24日提訴

産廃訴訟集会　（セントピア・2015/09/18）

原告　川畑清明　外9名
　被告　鹿児島県知事
伊藤祐一郎
【「エコパークかごしま」の建設用地の賃貸料5億円が高額すぎるとして、公金支出差止を求める】
（2）平成25年（行ウ）第10号　公金支出差止請求事件　平成25年11月12日提訴
　原告　川畑清明　外9名
　被告　鹿児島県知事　伊藤祐一郎
【「エコパークかごしま」の整備工事請負契約の変更契約（請負契約を18億円7、920万円増額）に関して、公金支出差止を求める】
（3）平成25年（ワ）第496号　産業廃棄物処分場建設差止請求事件　平成25年8月29日提訴
原告　山之口義和　外223名
被告　公益財団法人　鹿児島県環境整備公社
【産業廃棄物管理型最終処分場を建設・使用・操業してはならない】

原告団

　集会では原告団、弁護団が経過と決意を述べました。原告団からは大原野自治会の柏木武則大原野自治会副会長が「安心安全を守ろうとして頑張っているが、なかなか先が見えません。これからも一段と、皆様と頑張っていこうと思います」と言葉少なに挨拶しました。

　「守る会」の川畑清明副会長が「柏木さんの今の一言、大原野自治会は自然を守る、環境を守るという行動の中で、自治

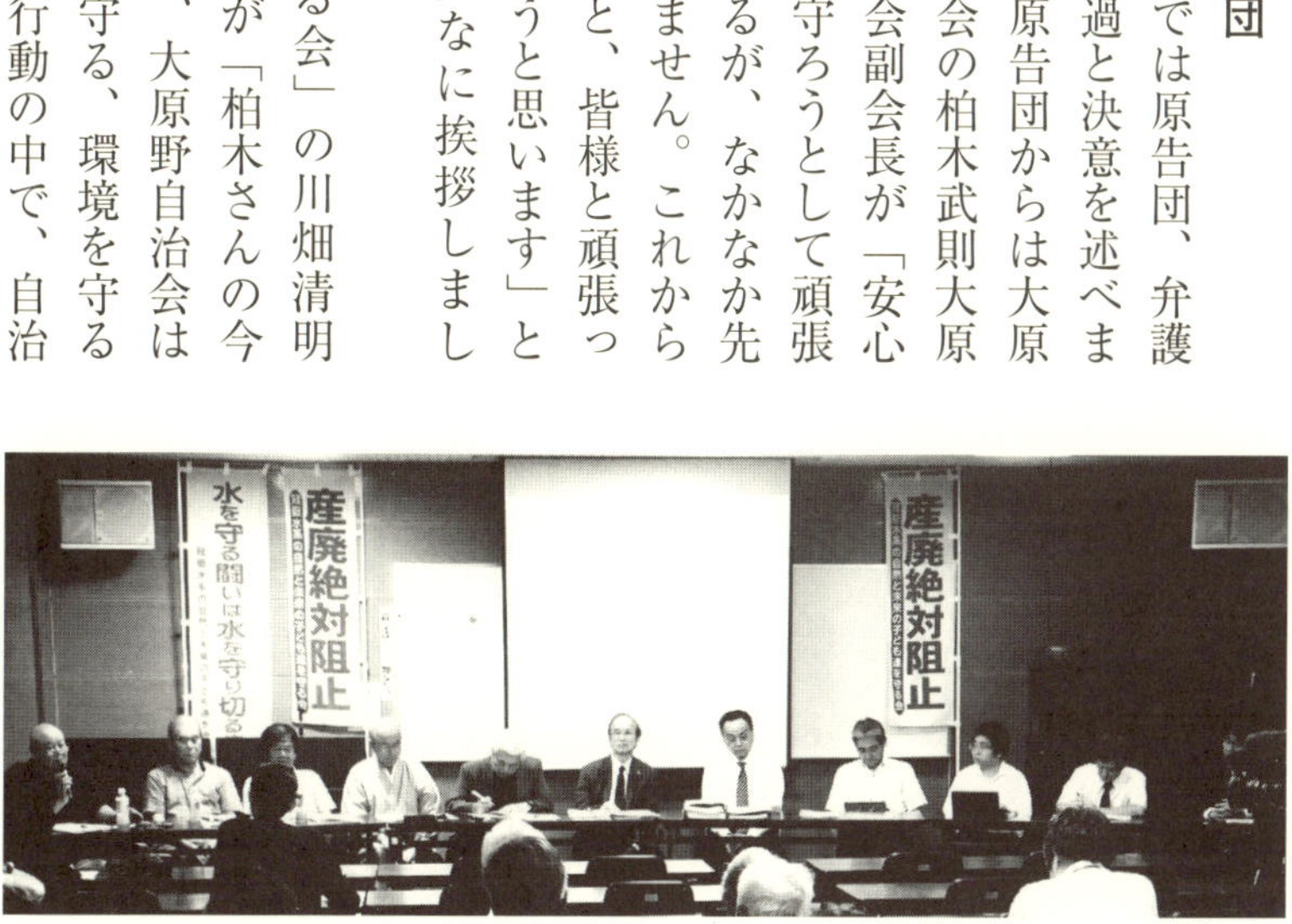

会が2つに割れた。それまでは朝晩声を掛け合っていたのに、悲痛な被害の現実もあります。そうさせたのは鹿児島県です。伊藤知事が3億円を出すよと民主的でない進め方を行っていることを確認しながら集会を進めたいと思います」と締めくくり、弁護団による報告に入りました。

裁判の争点

各争点について、配付資料に沿って、弁護団からそれぞれに説明がありました。

①処分場そのものの必要性。

搬入量の進捗状況は目標の10分の1。初年度から7億円の赤字が見込まれる。

これは高橋謙一弁護士が8月31日の弁論でも、操業実績を明らかにするよう強く迫っています。

②急斜面崩壊の危険性。

裁判で被告の方は、緑は回復しているとしているが、とんでもない話と、ドローンで撮影した映像を示し、危険性を強調しています。

③遮水工下部の巨大な採石層の転圧の有無。

④隠し通してきた浮島の存在を認めたことと、遮水工破壊の蓋然性。

これは地盤の基礎的な問題で、産廃処分場の安全性の基本です。最初から地元で疑問視されていた問題が裁判の大きな争点になってきました。

⑤霊山性の侵害

増田博弁護士が裁判の原点を語りました。

霊山性　～増田博弁護士～

「裁判には最初から携わっています。最初に来られたのが鎭國寺の先生方ですよ。『私たちの霊山がごみ捨て場にされる。こんなことはとても許せることじゃない』と訴えた。

私は霊山というのはよくわからなかったのですね。鎭國寺に招かれて、こういう素晴らしい、人間の魂になるところがあるのかと、私たちの先祖が累々として築いてきた所にごみ捨て場を作るなんてとんで

もない。そのごみ捨て場たるや非常に危険な、しかも一つも県民の利益にならない。

水が溢れるところで、その下流の飲み水までが危険にさらされる、こういう所に、しかも霊感あらたかなるところに、こんなごみ捨て場を作るなんてとんでもないと思いました」

産廃処分場と原発　～質疑応答～

2011年9月、着工直前に鎮國寺の村井宏彰住職は寺を挨拶に訪れた公益財団法人鹿児島県環境整備公社の新川龍郎理事（当時・現理事長）に次のように述べています。

「何でこんなに稚拙に焦ってどんどんやるのか、これは他に理由があると思って、いろいろ考えて、あっ、これは植村組と鹿児島銀行の問題だけと思っていたけど、それは間違いだった。後に九電の原子力発電所問題があったんだと気づいたんですよ」（拙著・「知事との闘い」より）」
当初からの疑惑、「原発と産廃処分場」については、ずっと根強く広がっており、「原子力発電所から出る廃棄物を薩摩川内の産廃処分場に持ってくるのではないかと心配でならない」と参加者から質問がでました。

地域環境研究所
中川鮮代表

低レベル廃棄物
～原発からのごみ～

科学技術研究所の専門家、地域環境研究所の中川鮮代表が次のように答えました。「原発から出た廃棄物ですけど、高レベル廃棄物が持ち込まれることはないけど、問題は低レベルの廃棄物です。低レベルの廃棄物はいずれ持ち込まれると思います。

高橋先生が主張してい

る、採算性の問題とも関連して、これからますます産業廃棄物が減り、処分場の採算性も厳しくなる。となると産廃処分場側からみると、産廃を作り出して行かなければならない。原発から出る低レベル放射性廃棄物が産廃処分場に持ち込まれることは十分考えられる」と地元に根強く広まっている「心配」を否定しませんでした。

ここにも原発と産廃処分場

産廃処分場について、遮水シートが破れて、そこから産廃汚染水が地下に浸みだし、環境汚染を引き起こすという産廃処分場最大の問題について、東京電力の福島第1原子力発電所事故に関連して、スライドで東京電力の資料を示して次のように説明しています。

「遮水シートがダメだということの立証は、実は東京電力です。福島第1原発の事故…」

２０１１年3月11日の東日本大震災での福島第1原発では、まず、原子炉の中のウラン燃料が高温の中で溶け出し、それを冷やすのに注いだ大量の海水が放射能に汚染され、海に流れ出るのを止めなければなりませんでした。次に山側から流れ込んでくる地下水も放射能汚染水となり、海に流れるのを止めなければなりません。コンクリートや凍土で地下水の流れを食い止めたり、ドラム缶に入れたりして、放射能汚染水の海への流出を食い止めることが大きな課題になっています。産廃処分場では、汚染水流出の決め手のようにいわれている遮水シートはここでは使われていないようだし、その理由が東京電力の資料で次のように示された

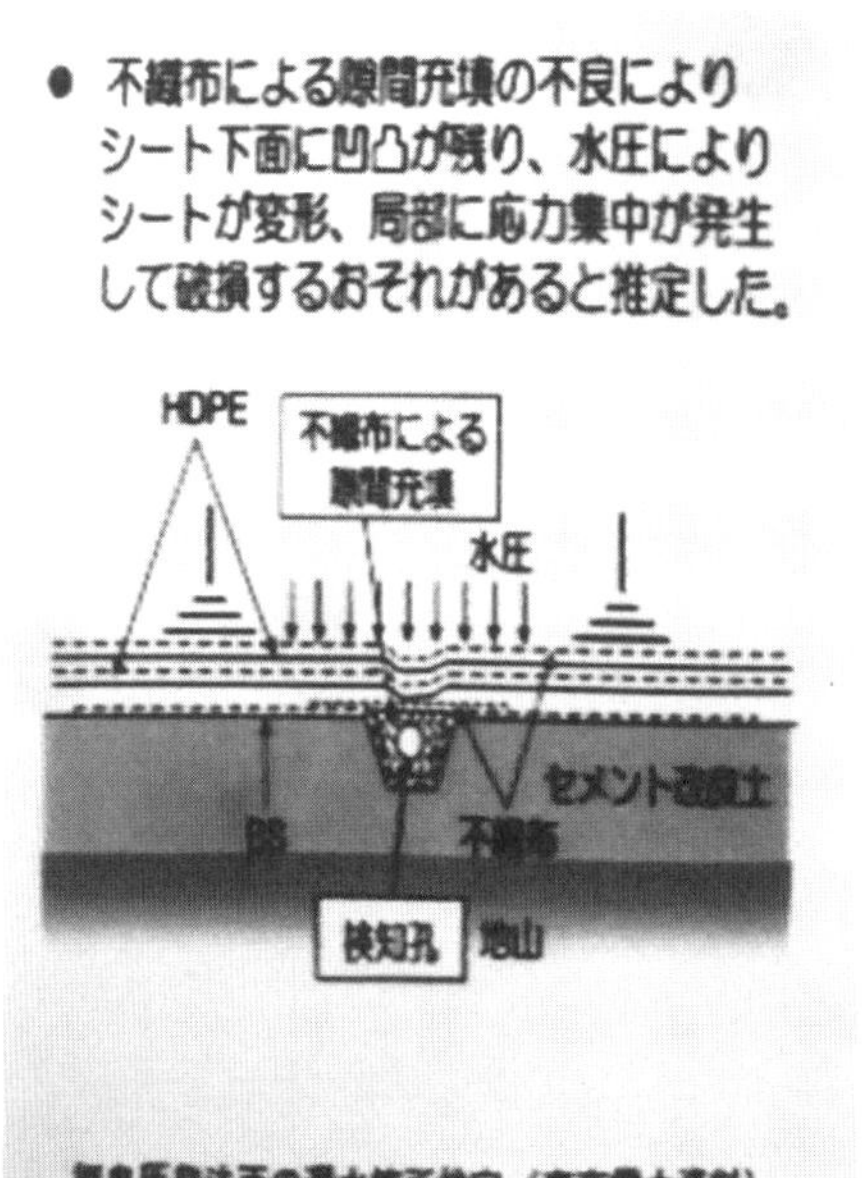
● 不織布による隙間充填の不良により
シート下面に凹凸が残り、水圧により
シートが変形、局部に応力集中が発生
して破損するおそれがあると推定した。
HDPE
不織布による
隙間充填
水圧
セメント改良土
不織布
検知孔
地山
福島原発法面の漏水箇所推定（東京電力資料）

というのです。

「放射能汚染の地下水対策として、遮水シートで流れを止めることも考えたが、充填砕石の締め固め不良、圧密沈下および水圧作用により、その真上の保護コンクリートにひび割れが発生・破損し、遮水シートに局所的なせん断応力が発生して破損に至るおそれがあると推定した」

ここにも原発と産廃処分場の奇妙な関連です。

転圧はされたか？

福島第1原子力発電所が示したのは遮水シートの下の基礎部分、砕石層の締め固めの部分です。砕石層を締め固める工法が転圧です。転圧の不良で遮水シートは破損し、福島第1原発で大問題の汚染水の流れを止めるのには、遮水シートは役に立たないというのです。

遮水シートは水漏れ防止には役立たないという問題は、「産廃処分場建設差止請求事件」では原告が最初から主張していることです。

丸山和大弁護士は集会に出席できず、「転圧に関する争点について」という資料を美奈川成章弁護士に託しました。産廃処分場では「実際に転圧されたのか？」と疑い、「写真や施工計画書に定める現場試験の結果が見当たらない→作業日報の提出を求める」と丸山メモは結んでいます。

工事の監視行動を続けていた市民も、「転圧用の工事機材が動くのを見ていないし、実際に転圧は行われたのだろうか？」と長い間、鹿児島県側の説明に疑いを持ち続けています。

手抜き工事を疑う　～弁護団会議～

この日、集会に先立って、午後5時から6時半まで、弁護団および原告団代表会議が開かれ、「転圧について」が大きな議題になっています。

ここでは「転圧はもともと工事費として、内訳書とか単価表などに計上されているはずなのに、それがない。

転圧作業は処分場の進入道路の整備でも行われており、ここの転圧は工事費に計上してある。また、転圧作業の有無は特記仕様書をみればはっきりする」という指摘がありました。

原告弁護団はここでの特記仕様書と転圧作業の問題を次回11月9日に陳述することにしました。「転圧の不良」ということは、「手抜き工事を疑う」ということです。産廃毒物による地下水汚染、環境破壊の広がりの心配がますます切実です。

もし、本当に手抜き工事ならば、それは裁判以前の問題です。伊藤祐一郎知事自身が県民に情報を公開して、「安心・安全」と証明しなければならない、環境権、人格権にかかわる事柄なのです。

ここでも原発と産廃処分場

午後9時前、閉会の挨拶で「守る会」の川畑清明副会長が「環境を守る行動の中で、今夜は原発に軸足を置いている方々もおいでくださいました。たまたま昨夜の集まりで、チラシをお配りしたのですが、2日連続の夜6時から9時という

会合にお付き合いいただきました」とここでも産廃処分場と川内原発の連携を連想させる発言です。

原発の新規制基準で全国で最初となる川内原発の通常運転復帰に伴い、様々に問題が想定される中で、産廃処分場をめぐっても新たな動きを予感させる、裁判提訴後、初めての産廃訴訟集会でした。

第6章　入札・契約変更・監査請求

知事の発表　～建設費用は70億円前後～

２００７年、平成19年５月８日、定例記者会見で伊藤知事は産廃処分場計画を発表したとき、建設地の地質について次のように語っています。

「この土地は採石場跡地ですが、地質が不透水性の岩盤でありまして、地下水への浸透が考えられないような岩質の所であります」。さらに、建設費の見通しについてもふれています。

「全体の施設の建設費用としては、今までのケースでいきますとだいたい50万～60万㎥ですと数十億単位、70億円前後ぐらいなのかなと思っていますが、建設費全体についてはそれぐらいのお金がかかるかと思います」

確かに、知事の言うように、まずは「70億円余り」での落札でした。

そして、その後が問題でした。

とりあえずは落札

知事発表後、鹿児島県環境整備公社による建設事業は次のように経過しました。

平成19年５月８日、計画発表
平成22年10月５日、工事入札、共同企業体
平成22年10月12日、工事契約77億７千万円
平成23年４月28日、土地契約
平成23年９月20日、現場作業着手
平成25年３月28日、変更契約96億５千万円

鹿児島県環境整備公社が発表した入札の結果は次のような内容です。

落札したのは、「大成・植村・田島・クボタ特定建設工事共同企業体」です。

落札金額は74億円です。契約は税込みで、77億7000万円となったのです。

入札後に公表された予定価格は、94億4401万5000円です。何と20億円も下回る落札価格です。何が何でも「とりあえずは落札」という意図を感じる結果です。

入札結果は74億円　～総合評価方式～

知事の計画発表から３年半近くたった２０１０年、平成22年10月５日、建設工事会社が入札で決まりました。入札参加は特定建設工事の３共同企業体

です。
①大林組・阿久根建設・西日本興業・アタカ大機。
②大成建設・植村組・田島組・クボタ環境サービス。
③鹿島建設・渡辺組・南日本運輸建設・神鋼環境ソリューション。

結果は大成・植村・田島・クボタ特定建設工事共同企業体が74億円で落札しました。

予定価格は94億円余り。最低は73億円、最高は80億円で、大成・植村の共同企業体は金額では2番目ですが、技術審査で最高点となり、総合的に1位

エコパークかごしま（仮称）整備工事に係る落札者について，下記のとおり決定しました。

平成２２年１０月５日

財団法人 鹿児島県環境整備公社
理事長 山田 裕章

記

1 工事名　エコパークかごしま（仮称）整備工事

2 落札者名　大成・植村・田島・クボタ特定建設工事共同企業体

3 落札金額　７，４００，０００，０００円
（７，７７０，０００，０００円　税込）

4 入札結果一覧　別表のとおり

5 整備工事概要　別紙のとおり

6 財団法人鹿児島県環境整備公社総合評価技術委員会審査結果
別添のとおり

（別紙）

エコパークかごしま（仮称）整備工事概要

1 建設場所　鹿児島県　薩摩川内市　川永野　地区

2 設計・施工業者　大成・植村・田島・クボタ特定建設工事共同企業体

3 工事費　７，７７０，０００，０００円（税込）

4 工期　契約日　～　平成２５年５月３１日（予定）

5 施設概要
① 埋立面積　４０，２００m²
② 埋立容量　８４３，０００m³
③ 覆蓋被覆建業面積　４２，６４５m²
屋根・壁材質：ガルバリウム鋼板，埋立地内柱本数：５本
④ 遮水構造（底面部）
ベントナイト混合土（t=250mm）＋不織布（t=10mm）＋漏水検知システム（測定電極）＋メタロセン遮水シート（t=1.5mm）＋自己修復材＋中間保護層（t=500mm）＋不織布（t=10mm）＋メタロセン遮水シート（t=1.5mm）＋水密アスファルトコンクリート（t=50mm）＋アスファルト舗装（t=50mm）＋砕石層（t=300mm）
⑤ 遮水工漏水検知　電位測定法
⑥ 浸出水処理方式
カルシウム除去＋生物処理（脱窒素処理）＋凝集沈殿＋砂ろ過＋活性炭吸着＋キレート吸着＋脱塩処理（電気透析）
⑦ 処理能力　６０m³／日
⑧ その他　防災調整池，管理棟，計量棟等

※面積等については，実施設計完了時に確定する。

入札結果一覧表

審査項目			配点	大林・阿久根・西日本興業・アタカ大機特定建設工事共同企業体	大成・植村・田島・クボタ特定建設工事共同企業体	鹿島・渡辺・南日本運輸・神鋼環境特定建設工事共同企業体
技術審査	覆蓋施設	施設計画	5	3.75	3.75	3.25
		施設の構造・材質	4	2.60	2.80	2.60
		維持管理に対する配慮	3	2.25	2.55	2.10
	遮水システム	遮水工の構造，遮水システム(貯留構造物含む)と埋立方法	4	2.20	3.40	3.20
		柱部の遮水工の構造，柱との接続方法	4	2.00	3.00	2.40
		漏水検知システム，検知時の対応方法，修復方法	2	1.20	1.50	1.30
		遮水工の施工品質	2	1.10	1.60	1.50
	浸出水処理システム	浸出水処理システムの考え方	2	1.30	1.50	1.70
		維持管理に対する配慮	3	1.65	2.10	2.40
		塩類の処理・処分方法	2	0.90	1.20	1.00
	環境配慮・安全対策	埋立作業環境	2	1.30	1.70	1.40
		エネルギー対策(省エネ，省資源)	2	1.30	1.50	1.30
		安全・避難対策	1	0.75	0.75	0.80
	施工計画	環境対策	2	1.30	1.40	1.50
		工程計画，品質確保	2	1.30	1.70	1.70
		県産資材，地元企業	2	1.40	1.70	1.50
	維持管理	維持管理対策	4	2.80	3.80	3.20
		維持管理費	4	3.60	3.00	2.80
小計			50	32.70	38.95	35.65
価格審査			入札価格	8,000,000,000円 (8,400,000,000円)	7,400,000,000円 (7,770,000,000円)	7,300,000,000円 (7,665,000,000円)
入札価格の( )は，税込金額			50	45.63	49.32	50.00
合計			100	78.33	88.27	85.65
順位				3	1	2

※予定価格　9,444,015,000円

となりました。「総合評価落札方式」のたまものです。総合評価方式は「業者間の調整を取りにくくなったが、発注者の恣意《しい》が入りやすい」という指摘も聞かれます。「官製談合」を連想させます。

工事概要

入札結果と同時に公表された産廃処分場工事概要では、25万６４０１㎡の用地の中に次のような施設を作ります。

４万２６４５㎡の屋根付きの建物を作り、その中の４万２００㎡が埋立地になるという構造です。

埋立地に、焼却灰などになった産業廃棄物を運び込みます。専用の散水機で水をふりかけます。

浸出水について、鹿児島県は基本計画概要の用語解説で次のように説明しています。

「埋め立てられた廃棄物にふれた水のことです。主に散水による水が出てきます」

「埋立地からの浸出水の漏水を防止する設備」が遮水工（用語解説）です。

工事概要でも遮水工の構造の説明に最も字数をさいています。だが、まず問題になるのは、遮水工の底部についてです。

遮水工の下

工事概要では、遮水構造に最も字数を費やし、底面部という表現もあります。だが、工事は遮水工の下の地盤を平面に仕上げることからかかります。工事、埋立地底部の整備からです。凸凹の地盤に採石を敷き詰めて平らに固めます。その上にコンクリートを打設し、平らに固めます。平らでないと、やが

整備中の現場（2012年11月）

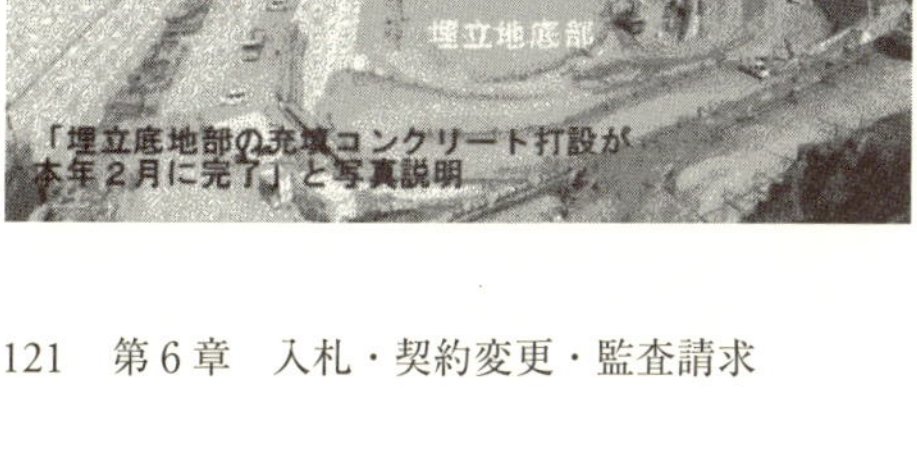

「埋立底地部の充填コンクリート打設が本年２月に完了」と写真説明

て埋め立てた産廃の重みで遮水工が不等沈下を起こし、水漏れ防止の生命線、合成樹脂性の遮水シートが破れて、浸出水が漏れ出す恐れがあるからです。「転圧」という特別の工法が必要とされています。発表の工事概要には出てきません。入札から1年後、2011年、平成23年10月4日に着工しました。

1年もしますと地盤の基礎部分の掘削整地が進み、半年足らずで、コンクリートの打設が終わり、重要な「遮水工」の工事へと進みます。

18億円増額で96億円 ～工事請負費～

2013年、平成25年3月28日、財団法人鹿児島県環境整備公社は工事請負金額を18億円増額を18億7920万円、19億円近くを増額する変更契約を締結しました。これにより工事請負総額は、96億4920万円になります。

予定価格は94億4401万5000円でしたから、これを上回る「変更契約金額」では落札者にはなれなかったはずです。

産廃処分場の建設資金の流れは鹿児島県が環境整備公社に補助金や貸付金などとして支出し、それが工事費の財源になります。

請負契約資金の鹿児島県の財政資金ということになります。

入札結果と共に公表された工期は契約の平成25年5月31日の予定でしたが、工事が終わったのは、それより1年半たった、翌年、平成26年12月、年の瀬でした。

噂と憶測

落札業者には、2011年、平成23年提訴の「公金5億円支出差止請求」の訴状で「特定企業への便宜」と指摘された植村組があります。

川内原発の土木工事を担当した大成建設も入っていることも目をひきました。

総合評価方式そのものが「官製談合」の批判の対象になる側面があるといいます。

この入札より一カ月後、公正取引委員会が鹿児島県発注の海上工事入札談合を繰り返していた、いわゆる「海上談合事件」で31社を処分したことが大きく報道されました。

処分を受けた業者と同名がそれぞれの共同企業体

の中にあり、「入札と談合」について、もう一つの「噂と憶測」が走りました。

第４の裁判へ　～住民監査請求～

２０１３年、平成25年8月29日、産廃処分場建設の差止め訴訟提起の日、産廃処分場建設に対し、もう一つの請求が行われました。

最初から高額すぎると訴えられている産廃処分場建設について、さらに「追い銭」を出す伊藤祐一郎知事のやり方に異議を唱え、鹿児島県監査委員会に「住民監査請求」をしました。

競争入札で決まった77億７０００万円の工事請負契約にさらに、18億７９２０万円の増額は不当な公金の支出だから、支出しないように勧告を求める内容の請求です。

鹿児島県庁前
（2013・8・29）

監査請求及び訴訟　～地方自治法～

地方自治法は「住民監査請求」と「住民訴訟」を次のように規定しています。

（住民監査請求）

第二百四十二条の一「（中略）住民は、（中略）違法若しくは不当な公金の支出、財産の取得、管理若しくは処分、契約の締結若しくは履行若しくは債務その他の義務の負担がある（中略）と認めるとき、（中略）これらを証する書面を添え、監査委員に対し、監査を求め、（中略）必要な措置を講ずべきことを請求することができる」と規定しています。

（住民訴訟）

第二百四十二条の二「（中略）住民は、（中略）監査委員の監査の結果（中略）に不服があるとき、又は監査委員が（中略）監査若しくは勧告を（中略）行わないとき、（中略）裁判所に対し、（中略）訴えをもって（中略）請求をすることができる」

「知事との闘い」を続けている原告団は、記者会見を開き、次のように公表しました。

第１　鹿児島県職員措置請求書の提出

私たち薩摩川内産廃処分場建設差止め訴訟原告団（合計２２４名）は、その代表である10名を請求人として、鹿児島県監査委員に対し、地方自治法第２４２条１項の規定に基づき、鹿児島県が金18億７９２０万円を財団法人鹿児島県環境整備公社（以下「整備公社」といいます）に支出しないように勧告する措置を求める鹿児島県職員措置請求書（住民監査請求書）を提出いたしました。

第２　本件で問題としている支出（増額分の18億７９２０万円の支出）

整備公社が、大成・植村・田島・クボタ特定建設工事共同企業体（以下単に「本件ＪＶ」といいます）と締結した「エコパークかごしま（仮称）整備工事」（以下「本件事業」といいます）の建設工事請負契約に関して、両者の間で、平成25年3月28日、総額を77億７０００万円としていた請負金額を18億７９２０万円増額して、総額を96億４９２０万円に変更する変更契約（以下単に「本件変更契約」といいます）を締結し、鹿児島県が右増額分を整備公社に補助することを決定したことから、右増額分が平成26年度中に支払われる予定でありますが、私たちの監査請求は、この増額分の支出を止めることを目的としております。

第３　本件変更契約（請負工事代金増額）の理由

本件事業は、整備公社が薩摩川内市川永野町に建設中である、埋立面積4万７０００㎡、廃棄物の埋立量60万㎥の管理型最終処分場に関するものである。

本件変更契約により増加する工事代金

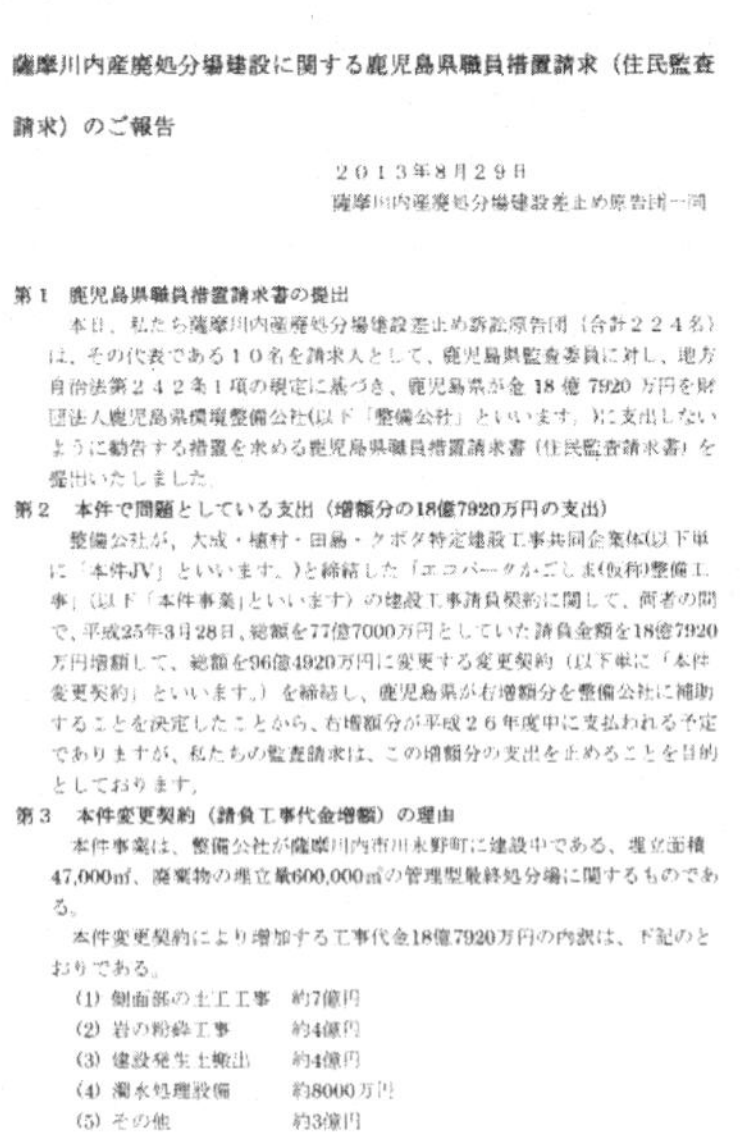

薩摩川内産廃処分場建設に関する鹿児島県職員措置請求（住民監査請求）のご報告

２０１３年８月２９日
薩摩川内産廃処分場建設差止め原告団一同

第１　鹿児島県職員措置請求書の提出

本日、私たち薩摩川内産廃処分場建設差止め訴訟原告団（合計２２４名）は、その代表である１０名を請求人として、鹿児島県監査委員に対し、地方自治法第２４２条１項の規定に基づき、鹿児島県が金 18 億 7920 万円を財団法人鹿児島県環境整備公社(以下「整備公社」といいます。)に支出しないように勧告する措置を求める鹿児島県職員措置請求書（住民監査請求書）を提出いたしました。

第２　本件で問題としている支出（増額分の18億7920万円の支出）

整備公社が、大成・植村・田島・クボタ特定建設工事共同企業体(以下単に「本件JV」といいます。)と締結した「エコパークかごしま(仮称)整備工事」（以下「本件事業」といいます）の建設工事請負契約に関して、両者の間で、平成25年3月28日、総額を77億7000万円としていた請負金額を18億7920万円増額して、総額を96億4920万円に変更する変更契約（以下単に「本件変更契約」といいます。）を締結し、鹿児島県が右増額分を整備公社に補助することを決定したことから、右増額分が平成２６年度中に支払われる予定でありますが、私たちの監査請求は、この増額分の支出を止めることを目的としております。

第３　本件変更契約（請負工事代金増額）の理由

本件事業は、整備公社が薩摩川内市川永野町に建設中である、埋立面積47,000㎡、廃棄物の埋立量600,000㎥の管理型最終処分場に関するものである。

本件変更契約により増加する工事代金18億7920万円の内訳は、下記のとおりである。

(1) 側面部の土工工事　約7億円
(2) 岩の粉砕工事　約4億円
(3) 建設発生土搬出　約4億円
(4) 濁水処理設備　約8000万円
(5) その他　約3億円

18億７９２０万円の内訳は、次のとおりである。

（1）側面部の土工工事約7億円

（2）岩の粉砕工事約4億円

（3）建設発生土搬出約4億円

（4）濁水処理設備約８０００万円

（5）その他約3億円

第4　各支出の問題点（違法または不当性）

1　埋立地側面部の土工工事（約7億円）について

（1）工事内容（県側の説明）

この工事は処分場側面の擁壁工事に関係する工事であるところ、整備公社は、擁壁と、擁壁と接する盛土あるいは地山とをしっかりと施工するために、当初は、盛土あるいは地山の土をいったん除き、それに砕石を混ぜて戻して固めて、盛土あるいは地山部分を平たんにするという工法を予定していた。

ところが、実際に工事に入ると、「いったん土をどかして砕石を混ぜるための広いヤードが必要となる」ところ、それが確保できず、また、土の量も当初の見込みよりも増えたとして、作業手順や経済性を考慮して、セメントミルクを混ぜるという工法に変更した。その変更で増額となる金額が約7億円である。

（2）工事の違法性または不当性

ア　整備公社・本件ＪＶに重大な過失があること

鹿児島県は、「いったん土をどかして採石を混ぜるための広いヤードが必要となるが、それが確保できない」と説明しているが、右工法を採用する時には、そのためのヤードをどこかに確保できることを前提として右工法を採用したはずである。

それにもかかわらず、工事に入った途端、「ヤードが確保できないから工法を変える」というのは、それが事実であるならば、工事設計書を作った整備公社あるいは入札をした本件ＪＶが極めて重大なミスをしたことになる。

また、上記説明が合理性を持つためには、

①当初、どこをヤードとして利用しようとしていたのか、

②そこがヤードとして利用できなくなった理由は何かという2点を明らかにしなければならないが、鹿児島県はそれを明らかにしていない。

イ　増額の理由になっていないことの第二に、鹿

児島県は、「作業手順や経済性を考慮して、セメントミルクを混ぜるという工法に変更した」と説明しているが、それならば、何故に最初から「作業手順や経済性を考慮」したセメントミルク工法を採用しなかったのか。鹿児島県の上記説明が正しいのであれば、その方が「同じ効果で安価でできる」からである。しかも、安価な工法に変更したにもかかわらず、何故に7億円もの増額になるのか。

当初の工法よりもはるかに安いはずのセメントミルク工法への変更により、逆に7億円高くなるのであれば、よほど次項に述べる「土の量の見込み違い」が大きかったことになる。

ウ　事前調査を怠った過失があること

第三に、鹿児島県は「土の量が増えた」ことも理由としているが、セメントミルク工法が当初の工法よりも経済性に優れているとするならば、増額はそれほどないはずであるが、実際には7億円もの増額となっており、そうすると、相当大量の土の見積りを間違えたことになる。

しかし、事前にきちんと調査しておけば、土の量はかなり正確に見積もれるはずであることから、整備公社あるいは本件JVは極めて雑な見積もりしかしていないことになるが、これは整備公社あるいは本件JVの過失であり、その責任はそれらの者が負うべきであって、鹿児島県が私達の税金である公金を支出することは許されない。

2　岩の粉砕工事（約4億円）について

（1）工事内容（県側の説明）

防災調整池予定地の中からかなり硬質の岩が出てきたため、発破を行うための工事が必要となり、その追加工事代金が約4億円である。

（2）工事の違法性または不当性

ア　不合理な金額であること

硬質の岩の発破工事費用が約4億円というのは、到底、常識的に理解できる金額ではなく、合理性が全くない。

イ　関係者に重大な過失があること

それでも「4億円かかる工事である」というのであれば、相当広範囲に「硬質の岩」が分布しているとしか考えられないが、それについても、事前にきちんと調査をしておけば、容易に予測できたことである。

調査不足の理由はボーリングの本数が少なかったことにあるが、ボーリング本数を増やしてきちんと予定地の地質調査を行うように、請求人らは何度も申し入れをしていたにもかかわらず、それを行わずに、急にかかる追加工事費を要求するのは、明らかに整備公社あるいは本件ＪＶの落ち度（過失）であり、その責任はそれらの者が負うべきであるから、鹿児島県が私達の税金である公金を支出することは許されない。

３　建設発生土搬出（約４億円）について

（１）工事内容（県側の説明）

建設現場から出てくる残土については、当初は無償で受け入れてもらうつもりであったが、土の性状も影響して、無償での処分先が確保できず、有償処分ということになった。その金額が約４億円である。

（２）工事の違法性または不当性

ア　明らかに重大な過失があること

上記１の土工工事と全く同じであり、この建設発生土搬出費用についても、明らかに整備公社あるいは本件ＪＶに重大な落ち度がある。

「無償で処分先が見つかるはずだったが、土の性状などが問題となり、不可能になった」というが、それは、きちんと事前に調査をすれば簡単に分かることである。特に、有償で処分される「建設発生土」の中には、本件処分場予定地を鹿児島県に賃貸（実質的には「売却」）した前所有者であるガイアテックの「盛土」が含まれている。

ガイアテックは、濁水処理をした時に出た脱水ケーキを「処理したので、廃棄物ではなく、盛土材である」と称して、敷地内に積んでいたが、請求人らは、たびたび、「これらは廃棄物ではないか。だとすれば廃棄物処理費用が必要ではないか。それをガイアテックに請求すべきではないか」、「ガイアテックは『盛土材』というが、盛土として使えるレベルのものではなく、単に野積みしているだけだ」と鹿児島県に要求していたが、鹿児島県は「廃棄物ではなく、盛土材である」、「処分場を建設する際にも利用できる」などと述べていた。しかし、今回の説明で、やはり「盛土材」ではなく、ずぶずぶの単なる廃棄物であることが明らかになった。

そういうことを事前に再三指摘されながら無視してきた以上、この費用を公金から支出することは許されない。

イ　この費用はガイアテックが負担すべきものであること。上記のように、「盛土材」の処理費用は明らかにガイアテックが負担すべきものであり、民間企業であるガイアテックに代わって、鹿児島県が私達の税金である公金を支出することは許されない。

そこで、ガイアテックが脱水ケーキを「盛土」と称して野積みしていた部分の処理費用については、鹿児島県に対して、ガイアテックに請求するように勧告する措置も求める。

4　濁水処理設備（約8000万円）について

（1）工事内容（県側の説明）

濁水処理施設は当初からあったが、雨が多いこと等から排水が非常に増えた為、処理設備を増設することとし、その費用が約8000万円である。

（2）工事の違法性または不当性（明らかに重大な過失があること）

鹿児島県は「雨が多かった」ことを理由とするが、本当の理由は、予定地の地下水量が豊富であったためである。このことについても、請求人らは何度も指摘していたが、それを無視して、1台の処理設備で十分と判断したのは、整備公社あるいは本件ＪＶであるから、その費用はそれらの者が負うべきであり、私達の税金である公金から支出することは許されない。

5　その他の工事（約3億円）について

（1）工事内容（県側の説明）

上記以外に、種々の名目で約3億円の追加工事が計画されているが、その主たる理由は「工事に時間がかかっている」というものであり、工期が延びた理由は、「補助金の交付決定が遅れた」り、「住民が反対した」からである。

（2）工事の違法性または不当性（県が立地選定を誤ったこと）

しかし、工期が延びた最大の原因は、鹿児島県が立地選定を誤ったためである。

請求人らは、本件計画が明らかになった当初から、本件予定地は地下水量が豊富であるため処分場には適さず、仮に無理やり建設しようとすると、莫大なお金がかかることを指摘してきたが、そのことは、はからずも、今回、多額の追加工事が必要になったこと自体から明白である。

それにもかかわらず、鹿児島県あるいは整備公社は、本件予定地に管理型最終処分場を建設する本件事業をゴリ押ししてきた。

しかし実際には、大量の湧水により、なかなか予定の工事にかかることができず、いたずらに日数を費やし、いたずらに費用が嵩んでいった。

即ち、変更工事の増加分は、鹿児島県が請求人らの指摘を敢えて無視して無理やり本件事業を進めた結果生じたものであるから、その責任は、鹿児島県知事個人あるいは整備公社が負担すべきものであり、私達の税金である公金の支出は許されない。

第5　最後に

1　今後も支出が増加することを許すのか

本件変更契約では約18億8000万円もの追加工事が計画されているが、請求人らが指摘するように、本件予定地が処分場に適さないのであれば、追加支出は到底この程度では済まず、更に莫大な費用がかかることは明らかである。

このままなし崩し的にでたらめな事業を認めるのかどうか、それが本件請求の根本であり、今後も工事費用の増額がなされるたびに、請求人らは監査請求を起こす所存であるが、そのような事態を起こさないためにはどうすればよいかが、本件監査請求で問われていると考える。

2　増加金額に関する疑惑

また、本件変更契約の増加金額については、きわめて重大な疑惑がある。

当初、鹿児島県は、本件工事費用を約94億円と見積もっていた。

しかし、実際に本件ＪＶが落札した金額は77億7000万円であり、予定価格よりも16億3000万円ほど低かった。

しかるに今回の変更契約により追加された金額が約18億8000万円であることから、今回の変更契約によって、当初の予定金額よりも2億5000万円程度増えたのである。

埋立地側面部の土工工事の工法変更、岩の発破費用、残土処理費用のように、当初から当然に分かっているべきものについて、不合理な理由で増額されており、本件変更工事の内容は不明瞭なものが多い。

これを偶然の一致とみるか、出来レースとみるかは、人それぞれであろうが、そのような疑惑があることからも、本件変更工事の内容が一見して明らかに正当なものでない限り、違法少なくとも不当なものと判断すべきである。

以上

阻止・妨害

監査請求書が示している増額の理由、「その他」の所で、「県側の説明」としてあげている理由に、「住民が反対した」をあげていることは、早い時期に地元の住民にも伝わり、改めて憤慨の機運を高めたことでした。

それは「反対」という表現ではなく、「工事阻止、交通妨害」というもっと厳しい表現でした。

「工事阻止、通行妨害により工事現場に入れず、待機していた期間中の作業員、重機等の費用は補償しなければならない。

工事を実施するためには、現場に作業員や重機等を手配する必要があります。早朝8時頃に現地に入るように準備をしますが、現地に集まられた市民等の方々の工事阻止行動により本件処分場建設現場への進入が困難となり、作業員や重機等が建設現場へ入ることができなかった」などと県側、公社側が吹聴しているといううわさでした。

公式な場での説明としては初めてでしたが、住民にとって、残暑がきびしかった、あの２０１１年、平成23年9月15日から17日までの3日間は、行政への不信と怒りが最高の高まりとなり、「知事との闘い」を法廷の場へと、住民を駆り立てた出来事だったのです。

以下、「知事との闘い（拙著）」より

「平成23年9月15日午前7時半、公社、県、ＪＶなどの表示を付けた乗用車、作業員を乗せた中型、大型のバス、重機運搬の大型トラックなど10数台の車列が砕石場、産廃処分場建設現場に向かって来ました。着工宣言2カ月余り、業を煮やしての動きです。

住民に阻まれ工事車両は進めず、着工はならず、炎天下、何時もは静かな山の道での押し問答は8時間続きました」

こうして着工ができないまま、3日目の山場へと展開したのでした。

県職動員

（2011・09・17）

9月17日、土曜日、この日は週休2日制で役所は休みですが、午後になって出先機関、北薩振興局のヘルメット着用の姿が大勢いて、県職員、数十人の動員です。

数の上で県側が住民を圧倒する勢いです。

「車両が入って来ます。執行妨害です。お願いします。法的措置を検討します」

ハンドマイクでの警告が繰り返されます。

上：ヘルメット姿の県職員が多数
下：住民の背後には警察官

高まる緊張

緊張感が高まってきました。

遠慮がちに遠巻きにしていた警察官も、住民集団の背後まで近づき、「捜査」と縫い込んだ、警察官であることを示す腕章の着用を始めました。警戒態勢に入ったように見えます。

住民側のハンドマイクが「いったん所定の場所まで下がりましょう」と呼びかけます。

緊張感に耐えられなくなったのか、女性が泣きながら集団を離れます。

「どっちも気が狂うた。あんなにぎっちり詰まると危ない…」と住民3団体の久木野靖共同代表が心配げにつぶやきます。

♪うさぎ追いしかの山
　こぶな釣りしかの川♪

女性達の唱歌の合唱が響きます。

撮影、撮影

撮影、撮影、撮影です。

県、公社側のこれまでにない意気込みは、撮影が多くなったことにも伺えます。

「道路を封鎖しないでください。通行を妨げないで下さい。押さないで下さい。作業員がここまで来ています。作業員を通してください。法的措置を検討します」

県、公社側の警告は一段と厳しくなります。

午後1時過ぎ、「強行突破するらしい」という情報が飛び交いました。

強行の情報

「作業員がそこまで来ています。作業員がそこまで来ています。交通妨害です。作業妨害を受けています」と公社側の警告が絶え間なく繰り返されます。

「道をふさいでいるのは、そっちも同じではないか。そっちの方が多いではないか。道を占拠しているのはどっちだ」と住民側がやり返します。県、公社、共同企業体の車両十数台が県道に列を作って止まっています。

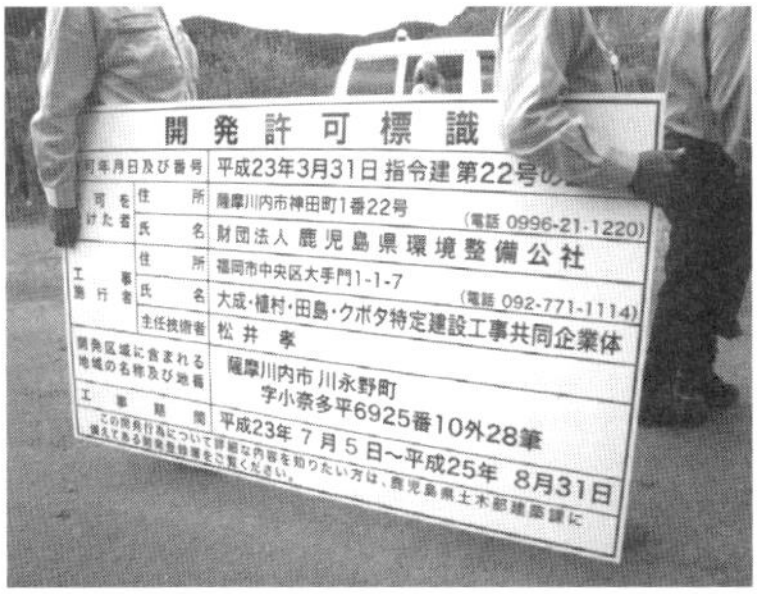

未明の進入

台風15号の雨、どしゃ降りの中、産廃処分場建設現場近くの見張り小屋、第3平和荘に泊まり込んでいた「冠嶽の霊山性を守る会」の3人は、車の音に気づき、車が次々に進入して来るのを

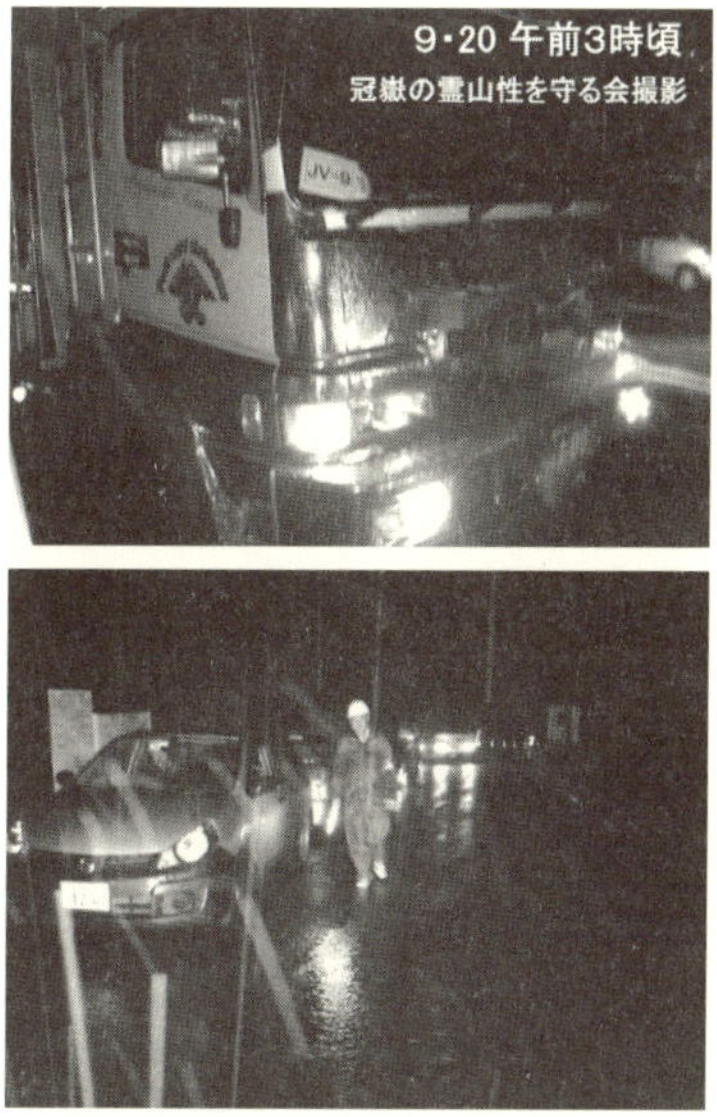

どしゃぶりの中、未明の進入

目撃しました。

「未明に入る」という情報はあった。その通りだった。

新たな決意の時

作業車が進入したのは、20日午前3時頃のことです。18日、19日の2日間の休業明け早々の出来事でした。

張り番の3人が暗闇の中に目撃した車列は、重機を1台ずつ積んだトレーラーが2台、それにワゴン車など5台位だったという。

車列はガードマン4人に守られて、連日住民が詰めかけて押し問答が繰り返された県道を何の障害もなく進み、見張り小屋の前で、右に曲がり、作業現場へと進んだということです。

この日、9月20日は、午後1時から5億円余の「公金支出差止請求」の第1回口頭弁論の日で、大勢が、朝から鹿児島地方裁判所に出向かなければなりませんでした。

複雑な想いを胸に、法廷での「知事との闘い」の新たな決意をした時でもありました。

警告書問答

財団法人鹿児島県環境整備公社、専務理事兼事務局長・新川龍郎名で、「交通妨害に関する警告書」が書留郵便で住民に届きました。

現地での集団行動3日目、9月19日に届きました。どうやら30人ほどにらしいです。

びっくり仰天とあきれ気分が交差する奇妙な衝撃です。

この日、連休明けの朝も建設現場近くには、住民団体数十人が集まっていました。

午前7時半、県、公社側の集団が進んで来ました。
「作業に来ました。通して下さい。通行を妨げないで下さい。法的措置も検討します」という呼びかけです。住民団体の怒りは高まります。
「交通妨害に関する警告書」は15日に来ていない人にも送り付けられているではないですか、どういうことですか。説明してください。
公社側「いま調査中です。調査中です」。

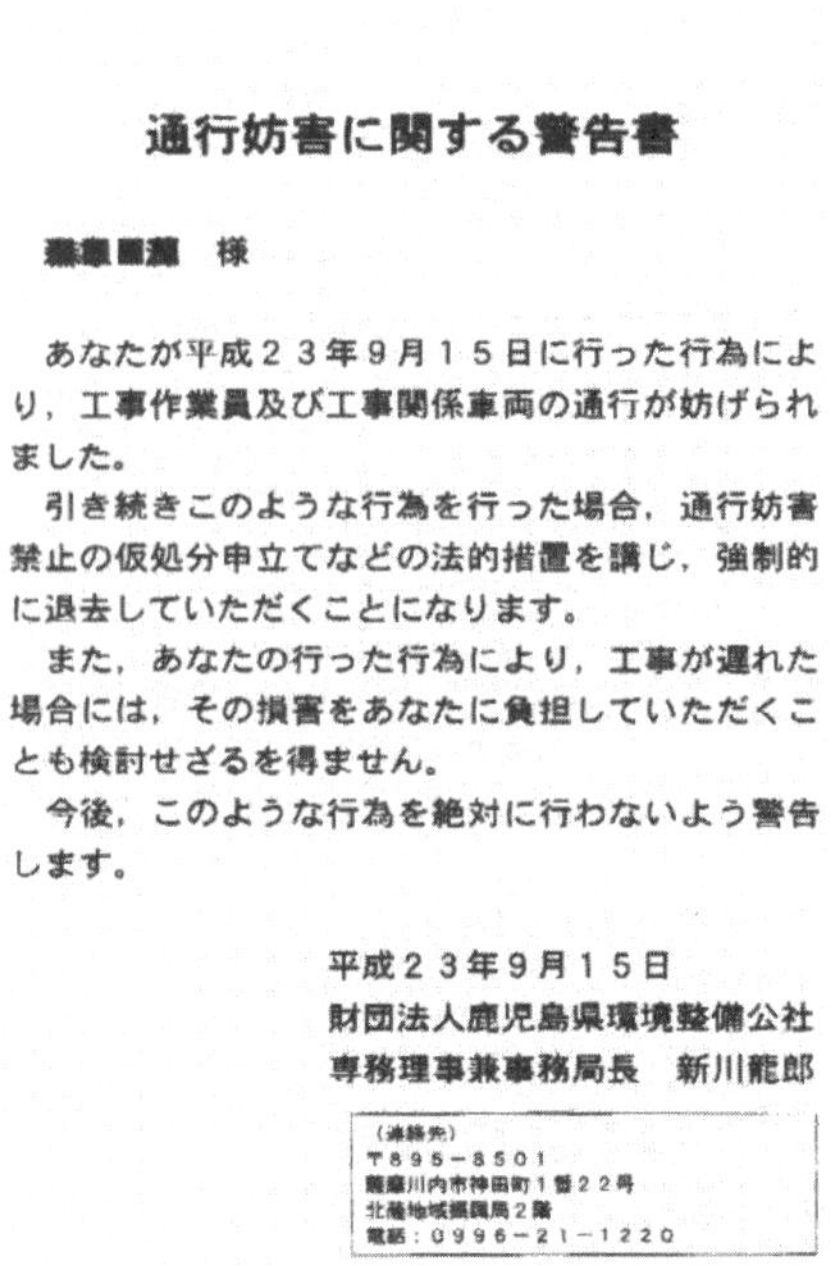

通行妨害に関する警告書

[redacted]　様

あなたが平成２３年９月１５日に行った行為により，工事作業員及び工事関係車両の通行が妨げられました。

引き続きこのような行為を行った場合，通行妨害禁止の仮処分申立てなどの法的措置を講じ，強制的に退去していただくことになります。

また，あなたの行った行為により，工事が遅れた場合には，その損害をあなたに負担していただくことも検討せざるを得ません。

今後，このような行為を絶対に行わないよう警告します。

平成２３年９月１５日
財団法人鹿児島県環境整備公社
専務理事兼事務局長　新川龍郎

（連絡先）
〒８９５－８５０１
薩摩川内市神田町１番２２号
北薩地域振興局２階
電話：０９９６－２１－１２２０

第7章

18億円公金支出差止請求
併合審理・尋問決定

18億円公金支出差止請求提訴（２０１３・１１・１２）

鹿児島県は薩摩川内市で鹿児島県が進めている産業廃棄物処分場建設で競争入札で決定した工事請負金額77億７０００万円に、さらに18億７９２０万円、約19億円増額は違法であるとして、提訴しました。平成25年11月12日、伊藤祐一郎知事を相手取って、公金支出差止請求の訴状を鹿児島地方裁判所に提出しました。

訴　状

2013年(平成25)年11月12日

鹿児島地方裁判所御中

原告ら訴訟代理人
弁護士　馬奈木 昭 雄
弁護士　白 鳥　 努
弁護士　高 橋 謙 一
弁護士　美奈川 成 章
外

〒892−0828　鹿児島市金生町2番15号MBC開発金生ビル7階
弁護士法人 白 鳥 法 律 事 務 所（送達場所）
電 話（099）227−2655
FAX（099）223−0254

弁護士　白 鳥　 努

当事者の表示　　別紙「当事者目録」記載のとおり
原告ら代理人の表示　　別紙「代理人目録」記載のとおり

公金支出差止請求事件

訴訟物の価額　　160万円
貼用印紙額　　1万3000円

第1　請求の趣旨

1　被告は、平成25年3月28日、訴外財団法人鹿児島県環境整備公社が訴外大成・植村・田島・クボタ特定建設工事共同企業体との間で締結した「エコパークかご

1 / 15

しま(仮称)整備工事」請負契約の変更契約(請負金額を金18億7920万円増額)に関して、訴外財団法人鹿児島県環境整備公社に対して補助金、貸付金その他名称を問わず、一切公金を支出してはならない。

2　訴訟費用は被告の負担とする

との判決を求める。

第2　請求の理由

1　当事者等

(1)　原告らは、いずれも、鹿児島県民(鹿児島県薩摩川内市またはいちき串木野市在住)である。

(2)　被告は、鹿児島県知事である。

2　管理型産業廃棄物処理施設整備事業の概要

訴外財団法人鹿児島県環境整備公社（以下単に「環境整備公社」という）は、以下のような管理型産業廃棄物処理施設整備事業(以下単に「本件事業」という)を計画している。

(1)　種類　管理型最終処分場

(2)　設置場所　薩摩川内市川永野町字小奈多平6922番25外

(3)　埋立面積40、700平方メートル

(4)　埋立容量844、000立方メートル（廃棄物の埋立量600、000立方メートル）

(5)　許可を受けている産業廃棄物の品目

燃え殻、汚泥、廃プラスチック類、紙くず、木くず、繊維くず、動植物性残さ、ゴムくず、金属くず、ガラスくず、コンクリートくず及び陶磁器くず、鉱さいがれき類、ばいじん、13号廃棄物

3　本件で問題となる支出(財務会計上の行為)

(1)　当初契約の概要

環境整備公社は、訴外大成・植村・田島・クボタ特定建設工事共同企業体(以下単に「訴外JV」という)との間で、平成22年10月12日に、「エコパークかごしま(仮称)整備工事」(「本件事業」とほぼ同義）の建設工事請負契約を、請負金額77億7000万円、工期を平成22年10月13日から平成25年5月31日までとして、締結した(以下「本件請負契約」という)。

(2)　環境整備公社と訴外ＪＶは、平成25年3月28日、本件請負契約に関して、請

2 / 15

負金額を金18億7920万円増額する変更契約（以下単に「本件変更契約」という）を締結した(甲第2号証)。

(3)　その内訳の概略は以下のとおりである。

ア　側面部の土工工事　　約7億円
イ　岩の粉砕工事　　約4億円
ウ　建設発生土搬出　　約4億円
エ　濁水処理設備　　約8000万円
オ　その他　　約3億円

(4)　鹿児島県は、この増額分については、環境整備公社に補助金及び貸付金として支出することを決定した。

(5)　この増額分については、本件に関する住民監査請求の監査結果によると、一部(案分比例された額)については、既に支給されている鹿児島県からの補助金あるいは貸付金から遡って支出された扱いとなっているが、残りについては、今後支出される。

4　本件財務会計上の行為の違法性

(1)　本件訴訟の対象

本件訴訟の対象となる財務会計上の行為は、前項の本件変更契約に伴い、鹿児島県が補助金、あるいは貸付金として支出する増加額について、今後支出する行為(以下「本件財務会計上の行為」という)である。

(2)　本件財務会計上の行為の違法性の概要

原告らとしては、本件財務会計上の行為の違法性として、以下のものを指摘する。

ア　前提となる本件事業の違法性

(ア)　本件事業の必要性がないこと

(イ)　本件事業の採算性がないこと

(ウ)　本件処分場建設・操業が、周辺住民の人格権を侵害する違法な事業であること

イ　本件変更契約自体の違法性

いずれの追加工事も、内容があいまいであり、本当に追加工事の必要性があるかどうか不明であるし、仮に必要であるとしても、事前に容易に予測で

3 / 15

原告は２０１３年、平成25年8月29日、鹿児島県監査委員会に対し、契約変更に伴う18億円余の公金支出を差し止めるべきとの勧告を求めた住民監査請求人で、10月25日付けで、県監査委員が「請求には理由がない」と通知したための住民訴訟です。産廃処分場をめぐる知事側を相手の裁判は、建設差止の仮処分請求、本訴訟、５億円余の公金支出差止請求に続いて、４件目ということになります。

請求の趣旨

「被告は、平成25年3月28日、財団法人鹿児島県環境整備公社が大成・植村・田島・クボタ特定建設工事共同企業体との間で締結した『エコパークかごしま（仮称）整備工事』請負契約（請負金額を金18億７９３０万円増額）に関して、財団法人鹿児島県環境整備公社に対して補助金、貸付金その他名称を問わず、一切公金を支出してはならない」

請求の原因

「原告らはいずれも鹿児島県民（鹿児島県薩摩川内市またはいちき串木野市在住）である。

被告は、鹿児島県知事である」

管理型産業廃棄物処理施設整備事業の概要で、「許可を受けている産業廃棄物の品目」として、燃え殻、汚泥、廃プラスチック類、紙くず、木くず、繊維くず、動植物性残さ、ゴムくず、金属くず、ガラスくず、コンクリートくず及び陶磁器くず、鉱さいがれき類、ばいじん、13号廃棄物をあげています。

増額の内訳

「環境整備公社は、大成・植村・田島・クボタ特定建設工事共同企業体との間で、平成22年10月12日に、『エコパークかごしま（仮称）整備工事』の建設工事請負契約を請負金額77億７０００万円、工期を平成22年10月13日から平成25年6月31日まで締結した。

平成25年3月28日、請負金額を金18億７９２０万円増額する変更契約を締結した。

その内訳の概略は以下のとおりである。

ア　側面部の土工工事約７億円
イ　岩の粉砕工事約４億円
ウ　建設発生土搬出約４億円

エ　濁水処理設備約８０００万円
オ　その他約3億円
鹿児島県は、この増額分については、環境整備公社に補助金及び貸付金として支出することを決定した」

増額の内訳についての不当性等の主張は、監査請求と同じ内容になっています。

公金支出差止請求

２０１１年、平成23年6月24日提訴の5億円余りの「公金支出差止請求」と２０１３年、平成25年11月12日提訴の18億円余の「公金支出差止請求」は、訴訟番号に、共に（行ウ）が付く、行政訴訟です。

公金の使い方が土地買収という直接支出と第3セクター、鹿児島県環境整備公社をトンネルにした工事請負金の追加という間接支出という財務手法は違っても、いずれも知事による公金の支出という共通点、被告が知事であるとともに、原告団も同じであること、なによりも対象が、民事訴訟の「建設差止請求」とも同じ、産業廃棄物最終処分場ということなどから、裁判所は3事件弁論期日を同じ日にし、さらに5億円差止を遅らせて、行政2事件は先発の5億円差止の審理を足踏みさせて歩調を合わせる進行をしてきました。

法廷外活動の本丸

（２０１５・１１・１５）

２０１４年、平成26年12月19日、産廃処分場竣工式の前日、産廃処分場横の監視小屋を2㎞ほど西側、国道3号線の方に移動しました。

4番目の監視小屋としました。

道路から一段高くなっていて、毎日、産廃処分場に出入りする車を上から観察して、運び込まれる産廃量を記録しています。工事監視から、産廃運搬車の監視です。法定外活動の本丸です。

第４平和荘建設（2014・12・19）

平和荘　～平和への地域の願い～

新しい法定外活動の拠点には「第四平和荘」という名前がつきました。

知事を相手に3件も裁判を同時進行させている所は、全国ほかにはないだろう。そして、「知事との闘い」の大きな特徴の1つは行政の悪質さです。住民を分断し、対立を作り出していることです。

悪の行政が続けば続くほど、いつかはまた、もとの仲良し住民に戻ろうという気持ちも強くなるのです。平和への地域の願いが込められています。法廷外活動の寄り所です。

広告塔　～産廃裁判への理解と支援～

「知事との闘い」の主戦場は、今は鹿児島地方裁判所の法廷、「用地代など5億円」の公金支出と「工事追加費18億円」の公金支出の差止も求める請求2件と「産廃処分場建設操業の差止請求」の合わせて3件です。5年目に入っている産廃裁判が今も係争中であることを道路脇に並ぶのぼり旗が訴えています。法定外活動の広告塔です。

産廃裁判が忘れられないようにと、産廃裁判への理解と支援を求めて、白地の赤い文字がはためいています。

金曜会　～情報の交差点～

毎週、金曜日の朝は、定例の会合が開かれ、情報交換、雑談会談など、いつもお茶とお菓子が出る、自由で和やかな所です。

息の長い裁判係争の中で、情報交換と息抜きの出来る所になっています。

情報の交差点でもあります。

情報の交差点は、笑い声が響き合う法定外活動の情報交換の拠点です。

ショウガ畑　～裁判資金源～

弁論の翌日、11月10日、もう一つの法廷の外での活動がありました。建設差止請求訴訟の中心的存在の大原野自治会の20人近くが、百次台地のショウガ畑に集まり収穫作業です。この一帯は昔からのゴボウの産地ですが、ショウガにもいいらしい。

収穫が終わるには3日間ほどかかるけど、大部分は農協に出荷し、多くがショウガの産地、四国に送られると言うから、品質の評価はなかなかのものらしい。下ろしたり、砂糖煮にしたりすると、とてもおいしいと地元での評判も上々です。大原野自治会では、以前から自治会活動として、カボチャ、大根、白菜などの野菜作りを行っており、ショウガの栽培は6年前からという。大原野自治会は45世帯89人ですが、以前はもっと大所帯でした。

知事が産廃処分場計画を発表した当時は、２００７年、平成19年は71世帯１０７人でしたが、行政の介入で自治会が分断して会員が減りました。

それでも会員同士の結束はより高まり、こうした農産物も増産して、裁判の資金、費用の捻出が出来ていると大原野自治会は意気盛んです。そして裁判資金源として実績をあげている活動がほかにもあるのです。

バザー　～法廷外交流～

11月15日（日）、「人・自然・文化を豊かにはぐくむ郷、隈之城」をテーマに隈之城地区コミュニティ・フェスタがセントピアで開かれました。

午前9時半から体育館で発表（演芸）会です。駐車場ではバザーです。

「冠嶽水系の自然と未来の子ども達を守る会」もテントに即売場を開きました。会員出品の衣類、食器類、装飾品などが新米モミ売り30kg、6000円、ウメモドキの手作り花輪700円から1000円などすぐ売れました。テントの片隅には「守る会」への支援金箱がありました。

売り上げ益金は、「知事との闘い」の3裁判の費

用に充てます。買い上げ、募金とは別に、金一封のし袋を差し出して、「裁判を頑張って！」と激励の声かけもありました。売り上げ、支援金、共に前年を大きく超え、強い励ましになったといいます。

　収益、募金とは別に、大勢が集うことが楽しい、毎年の事ながら元気が出るそうです。

　法廷外活動の交流の場です。

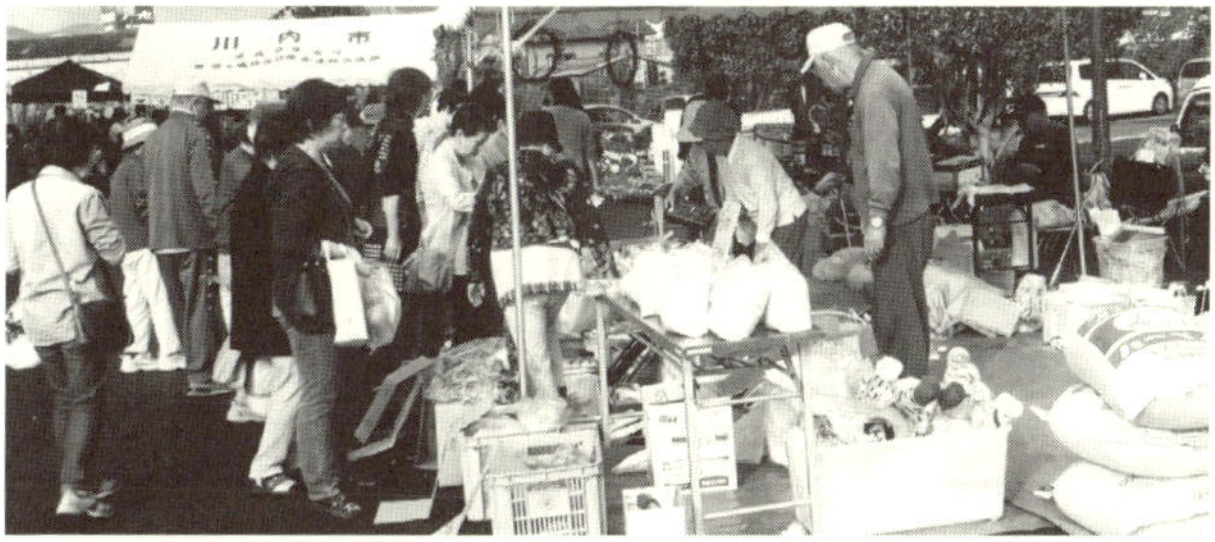

併合審理　～公金支出差止請求～（2016・01・19）

　2016年、平成28年1月19日、午前11時15分、鹿児島地裁202号法廷、傍聴席は満席状態。

　鎌野真敬裁判長「平成23年（行ウ）第3号、原告の方で人証に対する意見書を出しています。原告の方で原告の証拠申出に対する意見書…」

　高橋謙一弁護士「人証に対する意見につきまして、平成25年（行ウ）第10号と併せて…」

　裁判長「わかりました。

　では平成25年（行ウ）第10号につきまして、原告の方で人証申請ということで、原告本人と岩切証人をということで…。それから人証に対する被告の方の意見書も頂いております」

　裁判長「平成23年（行ウ）第3号と平成25年（行ウ）第10号は次回以降、併合して審理していくことにします」

原告の人証　～知事と市長の証人尋問～

　高橋謙一弁護士が補足説明に立ちました。

「この行政訴訟で問題にしているのは、そもそも鹿児島県に管理型処分場が必要だったのか、必要だったとしてこの場所が適地だったのか、安全性はどうなのかということを含めて、管理型処分場が必要か否か、どこに作るか、どのような施設を作るのか、その際、どのような値段で（建設用地を）買い取るのかということがあり、これらは全て伊藤知事が決

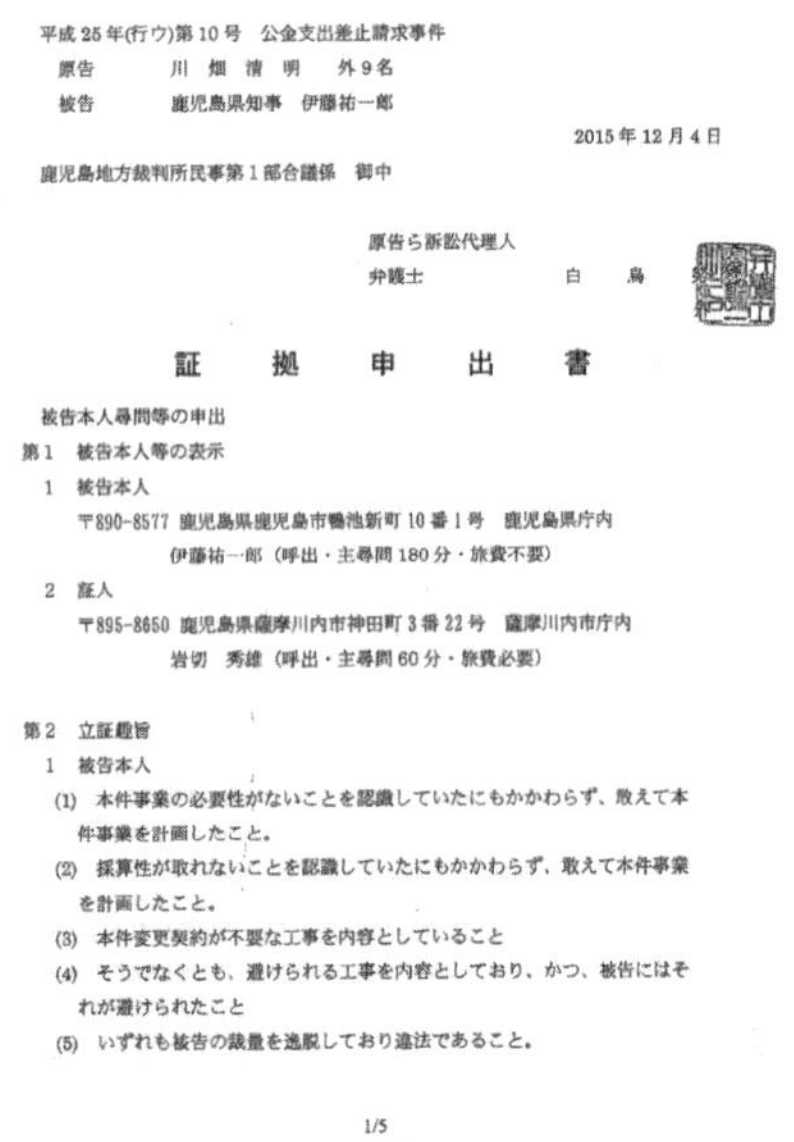

平成25年(行ウ)第10号　公金支出差止請求事件
原告　川 畑 清 明　外9名
被告　鹿児島県知事　伊藤祐一郎

2015年12月4日

鹿児島地方裁判所民事第1部合議係　御中

原告ら訴訟代理人
弁護士　白 鳥

証 拠 申 出 書

被告本人尋問等の申出
第1　被告本人等の表示
1　被告本人
〒890-8577 鹿児島県鹿児島市鴨池新町10番1号　鹿児島県庁内
伊藤祐一郎（呼出・主尋問180分・旅費不要）
2　証人
〒895-8650 鹿児島県薩摩川内市神田町3番22号　薩摩川内市庁内
岩切　秀雄（呼出・主尋問60分・旅費必要）

第2　立証趣旨
1　被告本人
(1)　本件事業の必要性がないことを認識していたにもかかわらず、敢えて本件事業を計画したこと。
(2)　採算性が取れないことを認識していたにもかかわらず、敢えて本件事業を計画したこと。
(3)　本件変更契約が不要な工事を内容としていること
(4)　そうでなくとも、避けられる工事を内容としており、かつ、被告にはそれが避けられたこと
(5)　いずれも被告の裁量を逸脱しており違法であること。

1/5

めている。自ら記者会見でおっしゃっている。（中略）こういう意味で鹿児島知事への尋問は必要です。（中略）

それから、岩切薩摩川内市長を証人申請しましたが、薩摩川内市は一般廃棄物を（産廃処分場に）入れようとしているわけで、産廃処分場そのものの必要性がなかったということになります。

この意味でも、岩切秀雄薩摩川内市長と伊藤祐一郎知事の尋問をぜひ配慮していただきたい」

人証に対する意見書

産廃処分場をめぐる知事相手の裁判2件は知事を出廷させるかどうかの段階に来ました。

２００１年、平成23年6月24日提訴の用地取得費5億円の公金支出差止請求事件、平成23年（行ウ）第3号事件です。

２０１３年、平成25年11月18日付け証拠申出書で被告本人、伊藤知事の呼び出しを求めています。

２０１３年、平成25年11月12日提訴の工事費上積みの18億円の公金支出差止請求事件、平成25年（行ウ）第10号です。

知事に加え、薩摩川内市の岩切秀雄市長を法廷への呼び出しを求めました。

知事を相手取っての行政訴訟で、共に人物の証拠、つまり証人尋問の申出を行いました。

その申出には、それぞれ、改めて、なぜ、知事と薩摩川内市長への尋問が必要であるかを同時に提出した「人証に対する意見書」で述べています。

5億円支出差止請求

5億円差止請求事件、つまり平成23年（行ウ）第3号では、2013年、平成25年11月18日付けで、被告本人、伊藤祐一郎知事の尋問を求める「証拠申出書」を提出しています。

被告本人尋問の申出、つまり、「人証」の中で、産廃処分場建設についての事業の計画性、不要な土地の賃貸契約、賃料が異常に高くなるように算出したこと、採算性がないことがわかっていながら事業を決定したことなど、「いずれも被告の裁量権を逸脱しており違法である」と結論づけています。

その上で、14項目の尋問事項を出しています。

まず、知事の経歴について尋問した後、産廃処分場建設地を決定した経緯を質問することにしています。

平成28年1月19日の弁論で提出した「人証に対する意見書」では、「改めて、なぜ、被告本人に対する尋問が必要であるのか、明らかにする」と次のように争点を示しています。

知事尋問不要　～被告側意見書～

2016年、平成28年1月15日付けの意見書で鹿児島県側は、まず知事本人尋問は不要と、次のように反論しています。

「県知事の業務は多岐にわたっており、多忙であるため、本件処分場の整備に関する全ての事項について、被告本人が判断することは不可能である。そのため、職員が鹿児島県として意思決定すること（専決）、事務の一部を職員及び知事の管理に属する行政庁に委譲すること（委任）や職員が内容を詳細に検討し、その結果をもって、知事の判断を仰ぎ、又は承認を得るということは多く見られる。本件処分場用地取得に当たり損失補償基準の準用、用地取得の範囲、立木の選定、契約の方法等について、情報収集、検討を行ったのは県担当部局であるから、本件処分場用地の取得を含めた本件処分場の整備に至る経緯を明らかにするためには、県担当部局において直接担当した職員の証言によるのが相当であり、被告本人の尋問は相当ではない」

市長尋問不要　～被告側意見書～

「薩摩川内市長に対する尋問申出について。本県では民間による管理型処分場の整備が進まず、県内発生の産業廃棄物は県外の施設に処分を依存している状況があり、県内企業からも、1日も早い管理型処分場の整備を求められていたものであること、また、本県の循環型社会の形成や地域産業の振興を図る上で必要不可欠な施設であること等から、公共関与により産業廃棄物処理施設である本件処分場を整備したことについては、これまで被告が主張してきたとおりである。

したがって、本件処分場の計画当初から薩摩川内市の一般廃棄物を受け入れることを予定していたということはない。

また、薩摩川内市が同市の一般廃棄物処理計画をどのように考えているかということと、本訴の争点とは関連性が無く、証人尋問を求める必要性は認められない。以上」

平成２３年（行ウ）第３号　公金支出禁止請求事件
原　　告　　川畑　清明　外９名
被　　告　　鹿児島県知事　伊藤　祐一郎

原告の証拠申出に対する意見書

平成２８年１月１５日

鹿児島地方裁判所民事第１部合議係　御中

被告訴訟代理人弁護士　野　田　健太郎
同　　馬　場　竹　彦
同　　前　田　圭　子
同　　三ツ角　直　正
同　　加　茂　雅　也
同　　徳　川　　泉

原告らによる証拠申出について，被告は次のとおり意見を述べる。

1　本訴訟で明らかにすべき事実

原告らは，本訴訟の主たる争点が本件処分場用地取得・賃貸借の手続あるいは取得等金額が不合理であるとして，証拠申出を行っている。これに対して，被告は上記原告らの主張を含めた本件処分場用地取得・賃貸借行為自体の違法性及び本件処分場事業自体の違法性のいずれについても違法性を基礎付ける事実を否認している。そこで，本訴訟では，本件処分場用地の取得を含めた本件処分場の整備に至る経緯を明らかにする必要がある。

2　被告本人は，県知事の職にある者であるが，県知事の業務は多岐にわたっており多忙であるため，本件処分場の整備に関する全ての事項について被告本人が判断することは不可能である。そのため，補助機関たる職員が鹿児島県として意思決定をすること（専決），事務の一部を職員及び知事の管理に属する行政庁に委譲すること（委任）や，職員が内容を詳細に検討し，必要に応じて，その結果をもって，知事の判断を仰ぎ，又は承認を得るということは多く見られる。

本件処分場用地取得に当たり損失補償基準の適用，用地の取得範囲，立木の算定，契約方法等について，情報収集，検討を行ったのは県の担当部局であることから，本件処分場用地の取得を含めた本件処分場の整備に至る経緯を明らかにするためには，県の担当部局において直接担当した職員の証言によるのが相当であり，被告本人の尋問は相当ではない。

3　被告は，既に，当時県の担当部局に所属していた職員の証拠申出を行っており，更に必要があれば担当職員の証拠申出を追加する予定である。したがって，本訴訟において，被告本人尋問は不要である。

以　上

証人尋問決定　～公金支出差止請求～（2016・03・14）

2016年、平成28年3月14日、午前11時15分、鹿児島地裁202号法廷、40席の傍聴席は3分の1程度が埋まりました。

2件の公金支出差止請求事件は併合審理です。

「次回、次々回で人証を予定しておりますが…」と開口一番に裁判長はこう述べて、次回期日の5月23日と次々回期日の6月13日に尋問する証人4人の名前を読み上げました。

裁判長はさらに続けます。

「原告側申請の被告本人と、それから岩切（薩摩川内市長）証人の尋問は4人を尋問した後に、その必要性について判断したいと思います」

だが次回、5月の尋問は被告側の都合で証人の出廷が出来なくなり、一応、6月に延期になりました。

法廷での証言となると、それなりの重みがあります。まだまだ、流動的な場面がありそうです。

法廷軽視　～県庁4職員～

知事が計画を発表した当時、4人は、商工労働部所属で、主査の1つ上の職級、参事付職員と環境生活部廃棄物・リサイクル課、薩摩川内市駐在の参事付職員、北薩地域振興局建設部甑島支所の技術主査と大隅地域振興局農村整備課用地管理係主査です。課長、係長の手前の職級です。

県庁職員が知事の代わりに発言する場として馴染みがあるのは、県議会本会議です。副知事とか部長級です。三権分立といいながら、司法、法廷軽視の被告、鹿児島側の姿勢を見る思いです。

職員尋問の次、被告本人、伊藤祐一郎知事の尋問をどうするか、関心はそちらの方です。

それと共に、注目したいのは、薩摩川内市の岩切秀雄市長です。

川内市助役でもあった岩切秀雄市長は、合併協議会の実質的なトップ、幹事長を務め、全てを知り尽くしていた立場で、薩摩川内市になっても、副市長を歴任しています。

第8章　産廃と一般ごみと住民監査請求

産廃処分場竣工（2016・05・09）

２０１４年、平成26年12月20日、鹿児島県が進めていた公共関与による産業廃棄物管理型最終処分場「エコパークかごしま」の竣工式が薩摩川内市川永野町の現地で物々しい警備体制のもとで行われました。

翌２０１５年、平成27年正月から操業開始です。

伊藤知事が計画を発表した２００７年、平成19年5月8日より、7年7カ月が経過していて、計画発表の時の見通しより2、3年遅れの操業です。

鹿児島県で唯一の産廃管理型最終処分場の営業開始です。

ごみ事情の闇

２０１５年、平成27年11月25日、「エコパークかごしま」の完成を待ちわびていたかのように、薩摩川内市の岩切秀雄市長は薩摩川内市議会の非公開の議員全員協議会で次のように述べて、薩摩川内市の、「ごみ処理事情」の一端が明らかになりました。

「（市長）本市の焼却灰については、最終処分場を持ちながら外部委託し、宮崎県へ搬出していた。しかし、その業者が逮捕されたことから、現在は大分県へ搬出しているが、来年3月に期限が切れるため、今後エコパークかごしまへの搬出を考えている。私としては、早い時期に県との協議を進めていきたい。３５０kg毎日トラックで運んでおり、それなりの金額である。県に受けていただくにも、今の金額より低くなるように交渉していきたい。結果はまた報告させていただく」

（議員全員協議会会議録より）

薩摩川内市のごみ事情の闇の部分の一端が明るみになった場面です。

年間4万t

２００７年、平成19年5月8日、計画を発表した伊藤知事発言の一コマです。

「実は産業廃棄物は従来我々が予測したよりも急激に量が減ってきているのです。ですから4万tぐらいだと60万tで15年という説明をしていますが、したがってこれがきちっとできあがれば、当分の間はこの施設で十分かなと思います」

この伊藤知事のこの時のひと言が全てです。

産廃処分場「エコパークかごしま」の案内冊子には、廃棄物の埋立容量約60万㎥、埋立期間は約15年間と明記しています。

「エコパークかごしま」の採算ラインは、「年間４万ｔ」ということです。

「エコパークかごしま通信」平成28年3月号は「廃棄物の受入状況について」として、「昨年1月の開業から本年2月末までに、約1万２００ｔの産業廃棄物を受け入れました」としています。

「一般廃棄物の受入について」として、「昨年11月25日に薩摩川内市から焼却灰等の一般廃棄物等の受入要請がありました」として、4月から、薩摩川内市と喜界町の一般廃棄物焼却灰等を受入ています。

とはいっても喜界町からは、１カ月に20、30ｔ程度で大部分は、薩摩川内市からです。

薩摩川内市の持ち込み分は、産業廃棄物全体の受入量と肩をならべる状況です。

年間４万ｔの受入を見込んだ場合、１カ月に３３００ｔという計算になります。

「エコパークかごしま」の採算性については、「公金支出差止請求訴訟」で原告側が、「赤字を出すということは税金の無駄遣い」と主張し、裁判の争点の1つになっています。

また、特定の自治体を優遇する形で廃棄物処理を行うことには別の行政問題の指摘もあります。

年　月	産業廃棄物(t)	一般廃棄物(t)	合　計(t)	累　積(t)
平成27年01月	8.00	0.00	8.00	8.00
平成27年02月	123.91	0.00	123.91	131.91
平成27年03月	440.46	0.00	440.46	572.37
平成27年04月	293.54	0.00	293.54	865.91
平成27年05月	306.63	0.00	306.63	1,172.54
平成27年06月	297.56	0.00	297.56	1,470.10
平成27年07月	290.51	0.00	290.51	1,760.61
平成27年08月	241.33	0.00	241.33	2,001.94
平成27年09月	997.33	0.00	997.33	2,999.27
平成27年10月	1,245.41	0.00	1,245.41	4,244.68
平成27年11月	1,114.22	0.00	1,114.22	5,358.90
平成27年12月	1,900.02	0.00	1,900.02	7,258.92
平成28年01月	1,400.72	0.00	1,400.72	8,659.64
平成28年02月	1,572.15	0.00	1,572.15	10,231.79
平成28年03月	1,793.66	0.00	1,793.66	12,025.45
平成28年04月	2,054.95	375.68	2,430.63	14,456.08
平成28年05月	1,948.12	342.90	2,291.02	16,747.10
平成28年06月	3,205.42	327.42	3,532.84	20,279.94
平成28年07月	1,859.20	271.37	2,130.57	22,410.51
平成28年08月	2,199.93	2,943.56	5,143.49	27,554.00
平成28年09月	3,015.97	2,908.03	5,924.00	33,478.00
平成28年10月				

(「エコパークかごしま」の廃棄物受入実績／「エコパークかごしまホームページ」より)

廃棄物処理センター

（2016・05・13）

鹿児島県環境整備公社が建設する最終処分場は、産業廃棄物とともに、一般廃棄物の受入も前提として、国の指定を受けていたのです。

それが環境大臣から、「廃棄物の処理及び清掃に関する法律」の第15条の5規定で、「廃棄物処理センター」の指定を受けていました。

第15条の6は廃棄物処理センターの業務を次のように規程してます。

（業務）

第十五条の六

センターは、環境省令で定めるところにより、次に掲げる業務の全部又は一部を行うものとする。

一　市町村の委託を受けて、特別管理一般廃棄物の処理並びに当該処理を行うための施設の建設及び改良、維持その他の管理を行うこと。

二　市町村の委託を受けて、第六条の三第一項の規定による指定に係る一般廃棄物の処理並びに当該処理を行うための施設の建設及び改良、維持その他の管理を行うこと。

三　市町村の委託を受けて、一般廃棄物の処理並びに当該処理を行うための施設の建設及び改良、維持その他の管理を行うこと（前二号に掲げる業務を除く）。

四　特別管理産業廃棄物の処理並びに当該処理を行うための施設の建設及び改良、維持その他の管理を行うこと。

五　産業廃棄物の処理並びに当該処理を行うための施設の建設及び改良、維持その他の管理を行うこと（前号に掲げる業務を除く）。

六　前各号に掲げる業務に附帯する業務を行うこと。

市町村からの一般廃棄物の処理を断った場合の方がむしろ法的には問題になるのです。

指定書と定款

鹿児島環境整備公社の定款は次のようになっています。

（事業）

第4条　この法人は、前条の目的を達成するため、

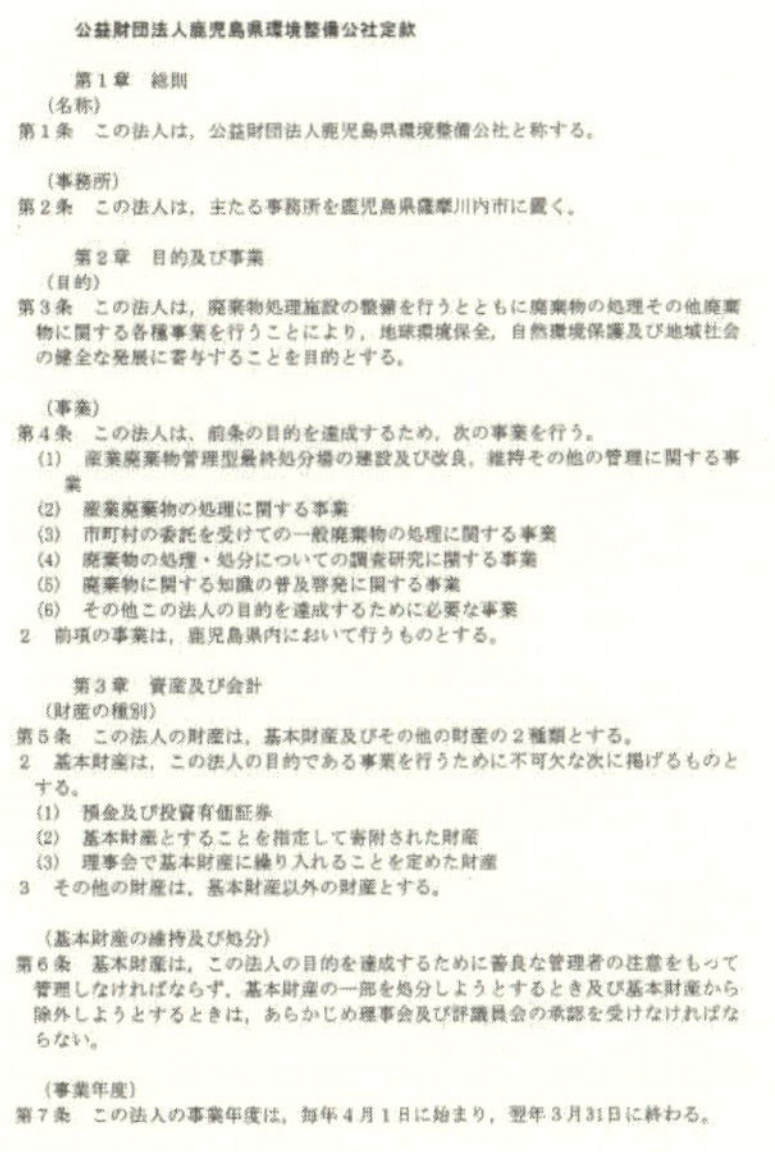
公益財団法人鹿児島県環境整備公社定款

第1章　総則

（名称）

第1条　この法人は，公益財団法人鹿児島県環境整備公社と称する。

（事務所）

第2条　この法人は，主たる事務所を鹿児島県薩摩川内市に置く。

第2章　目的及び事業

（目的）

第3条　この法人は，廃棄物処理施設の整備を行うとともに廃棄物の処理その他廃棄物に関する各種事業を行うことにより，地球環境保全，自然環境保護及び地域社会の健全な発展に寄与することを目的とする。

（事業）

第4条　この法人は、前条の目的を達成するため，次の事業を行う。

(1)　産業廃棄物管理型最終処分場の建設及び改良，維持その他の管理に関する事業

(2)　産業廃棄物の処理に関する事業

(3)　市町村の委託を受けての一般廃棄物の処理に関する事業

(4)　廃棄物の処理・処分についての調査研究に関する事業

(5)　廃棄物に関する知識の普及啓発に関する事業

(6)　その他この法人の目的を達成するために必要な事業

2　前項の事業は，鹿児島県内において行うものとする。

第3章　資産及び会計

（財産の種別）

第5条　この法人の財産は，基本財産及びその他の財産の2種類とする。

2　基本財産は，この法人の目的である事業を行うために不可欠な次に掲げるものとする。

(1)　預金及び投資有価証券

(2)　基本財産とすることを指定して寄附された財産

(3)　理事会で基本財産に繰り入れることを定めた財産

3　その他の財産は，基本財産以外の財産とする。

（基本財産の維持及び処分）

第6条　基本財産は，この法人の目的を達成するために善良な管理者の注意をもって管理しなければならず，基本財産の一部を処分しようとするとき及び基本財産から除外しようとするときは，あらかじめ理事会及び評議員会の承認を受けなければならない。

（事業年度）

第7条　この法人の事業年度は，毎年4月1日に始まり，翌年3月31日に終わる。

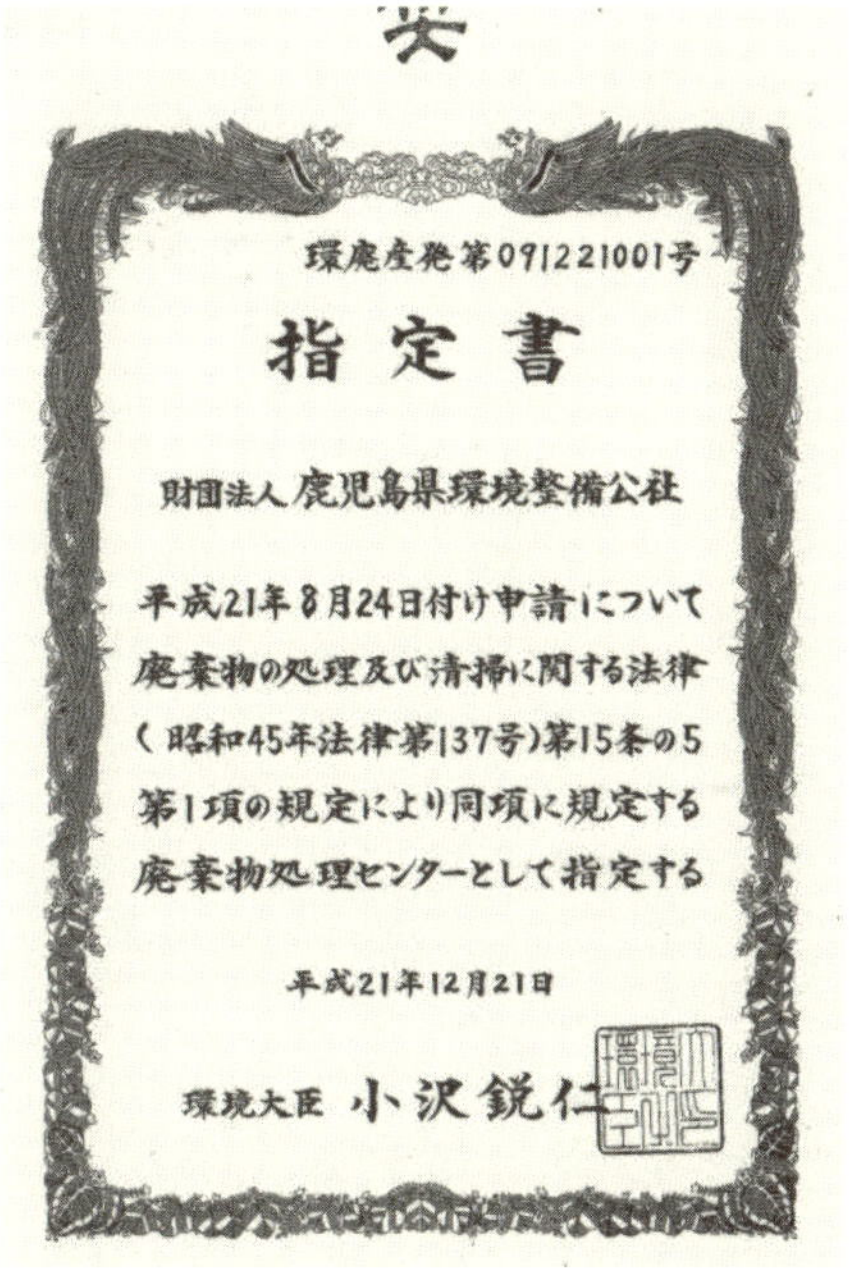
環廃産発第091221001号

指定書

財団法人鹿児島県環境整備公社

平成21年8月24日付け申請について廃棄物の処理及び清掃に関する法律（昭和45年法律第137号）第15条の5第1項の規定により同項に規定する廃棄物処理センターとして指定する

平成21年12月21日

環境大臣　小沢鋭仁

次の事業を行う。

（1）産業廃棄物管理型最終処分場の建設及び改良、維持その他の管理に関する事業

（2）産業廃棄物の処理に関する事業

（3）市町村の委託を受けての一般廃棄物の処理に関する事業

（4）廃棄物の処理・処分についての調査研究に関する事業

（5）廃棄物に関する知識の普及啓発に関する事業

（6）その他この法人の目的を達成するために必要な事業

平成27年7月1日施行となっています。

川内クリーンセンター

薩摩川内市小倉町にある一般廃棄物処理施設、川内クリーンセンターは、事業費53億2200万円で1994年、平成6年12月に完成しました。

事業費のうち、6割余りの約35億円は地方債、つまり借金、約1億8400万円は国庫補助金で、自前の財源、つまり一般財源は15億8400万円、約

川内クリーンセンター
（薩摩川内市小倉町）

3割です。敷地面積は20万６７０㎡、20haです。最終処分場の埋立地面積は９７２０㎡、約1haです。最終処分場埋立地と同じくらいの広さの中に、焼却施設、粗大ごみ処理施設、資源ごみ施設があります。

処理能力は1日に135ｔとなっています。管理型の処分場ですから、水をかけるので、1日60ｔの浸出水の浄化処理が必要な施設です。

主な経過　～川内クリーンセンター～

隣の旧東郷町と旧樋脇町からも、ぜひ参加させてほしいという申し入れがありましたが、「よそからのごみは持ち込まない」と断り、単独の事業となりました。

だが、１９９４年、平成6年夏、川内川の塩水遡上が激しくなり、川内川から取水している上水道に塩水が入り込む騒ぎがありました。ついに、上流の東郷町に作ることになり、そういうこともあり、新取水口着工の１９９９年、平成11年4月から東郷町の家庭ごみを受け入れることになりました。

２００４年、平成16年になりますと、市町村合併です。樋脇町は川内市との共同建設を断られ、隣りの串木野市と一部事務組合を作って、建設しました。

平成の大合併では、最初は串木野市も参加していて、いずれは川内市と合併する見通しでしたが、途

主　な　経　過

H5年9月	最終処分場建設工事着工
H6年10月	焼却施設火入式
11月～12月	試運転
12月	焼却・粗大ごみ処理施設 最終処分場建設工事竣工
H7年1月～	クリーンセンター本稼動
H11年4月～	旧東郷町受入開始
H15年7月	プラ分別開始
H16年10月12日～	合併に伴い、旧樋脇町分受入開始
H17年8月～	合併に伴い、甑島旧4村分受入開始

「川内クリーンセンターの概要より」

中から離脱して、川内側を憤慨させました。

ごみ問題では串木野市に感謝している樋脇町側は市町村合併後も串木野市に財政負担をかけないよう、一部事務組合を継続し、ごみを運びたかったのですが、川内側は認めず、川内クリーンセンターに持ち込むようになりました。

また、合併したら、甑島旧4村のごみも全部、船で運び込むようになりました。

新市まちづくり計画

薩摩川内市の場合、ごみ対策が合併協議の時から大きな課題になっていましたから、10計画の「新市まちづくり計画」の中の「誰もが安心して快適に暮らせるまちづくり」という項目の中で、「ごみ処理の充実」として明記しています。

そこでの「最終処分場の整備」として、事業内容として「ごみの適正な処理を図るために、最終処分場の整備をすすめます」としています。

そして、「最終処分場施設整備事業（新設）として、川内クリーンセンターに新規に最終処分場を作り、同時に、甑島のごみ処分場は閉鎖することも記しているのです。

こういう合併協議の中で最重要課題として取り上げたからこそ、合併翌年度には、「薩摩川内市一般廃棄物処理計画基本計画（案）」が出来たのです。

ごみ処理基本計画

２００４年、平成16年10月12日、１市４町４村が合併して薩摩川内市が発足しました。翌、平成17年の新市第１回定例会、３月市議会で早速、ごみ焼却施設、クリーンセンターが老朽化の為に作り直さ

(3)　ごみ処理の充実

ごみの減量化や再資源化を図るために分別収集を徹底するとともに、ダイオキシン対策を施した焼却施設や粗大ゴミ処理施設、水処理施設等の適正な維持管理、最終処分場の整備を図り、環境負荷の軽減に配慮した資源循環型社会の構築をめざします。

施策項目	事業内容	主な事業
資源ごみ分別収集・リサイクルの推進	ごみの減量化、再資源化のために分別収集の徹底を図ります。	①環境基本計画策定事業(新規) ②資源ごみ収集・リサイクル推進事業 ③衛生自治組織活動支援事業 ④リサイクルセンター整備事業(新規)
不法投棄の防止推進	不法投棄の防止のため、環境学習の推進等によって市民の美化意識を高めます。	⑤不法投棄防止事業
クリーンセンターの維持管理の強化	ダイオキシン対策を施した焼却施設や粗大ゴミ処理施設、水処理施設等の適正な維持管理の強化・改修を図ります。	⑥クリーンセンター維持修繕事業 ⑦クリーンセンター施設改修事業(新規)
最終処分場の整備	ゴミの適正な処理を図るために、最終処分場の整備を進めます。	⑧最終処分場施設整備事業(新規) ⑨ごみ処分場閉鎖事業

「新市まちづくり計画（原案）平成18年8月川薩地区法定合併協議会」

なければならないことが論議されました。

議会にせき立てられるように執行部は1年で「薩摩川内市一般廃棄物処理計画ごみ処理基本計画案」を作り上げました。「平成16年度末現在の埋立の残余量は、今後約6年分しかありません」という見通しです。

整備スケジュール

基本計画案の工程表では翌年度、平成18年度から4年がかりで実施計画、さらに実施設計、そして2年がかりで工事を終えて、6年後、平成24年度からは新しい施設で埋立開始と具体的です。それがなぜか、幻に終わっています。

その後も計画はあるようだが、実行に移されていません。植村企業グループが産廃処分場建設を計画していたこと、過去に民間企業が挫折したことの事実が奇妙に印象深く、「だから公共関与」ということで、鹿児島県が乗り出してきたと「幻のスケジュール」は示しているようにも見えます。

川内クリーンセンター最終処分場の整備スケジュール（案）

区　分	平成18年度	平成19年度	平成20年度	平成21年度	平成22年度	平成23年度	平成24年度
既存最終処分場	埋　立　期　間						
新設最終処分場	計画・設計期間				工事期間		埋立開始

調査・検討に　～総合計画～

総合計画は地方自治体の全ての計画の基本となり、地域づくりの最上位に位置づけられる計画として、以前は地方自治法第2条第4項「市町村は、その事務を処理するに当たっては、議会の議決を経てその地域における総合的かつ計画的な行政の運営を図るための基本構想を定め、これに即して行うようにしなければならない」と定められていました。総合計画の基本部分である「基本構想」の策定が地方自治体に義務付けられていました。

そこで、薩摩川内市の「第1次薩摩川内市総合計画」を平成18年3月に完成させました。

そして第3編基本計画で、最終処分場は「ごみの適正な処理を図るため、最終処分場の整備及び適正

第3編　基本計画　【第1部】施策の総合的展開

第4章／誰もが安心して快適に暮らせるまちづくり

4 ごみ処理施設の機能の充実

ダイオキシン対策を施した焼却施設，粗大ごみ処理施設や水処理施設などクリーンセンターの適正な維持管理に努めるとともに，ストックヤードなど分別収集やリサイクルに対応した施設の整備を行い，ごみ処理機能の充実を図ります。

また，老朽化の進む川内クリーンセンターについては，延命化を図りながら，新施設の整備の可能性についても調査・研究を行います。

さらに，甑島の３施設については，島内で発生した廃棄物を適正に処理するため，施設の更新・統合化について，早急に検討を行います。

5 最終処分場の整備

ごみの適正な処理を図るため，最終処分場の整備及び適正化についての調査・検討を行います。

「第１次薩摩川内市総合計画１３４ページ」

第２章　計画策定の背景と課題への対応

2 薩摩川内市の現状と課題（中間的総括）

本市は市制施行後，この間，第１次薩摩川内市総合計画において将来都市像としている「市民が創り　市民が育む　交流躍動都市」の実現を目指し，「“地域力”が奏でる“都市力”の創出」を基本理念としてまちづくりを進めてきました。

特に，コミュニティ分野においては，平成１７年度に市内４８地区において地区コミュニティ協議会※が発足し，各地区の自然・文化・人材などの地域資源を活かし，また，地区住民の創意工夫による地域課題の解決を図るため各々の地区において「地区振興計画※」を策定するなど，地域力を育むまちづくりを推進してきました。

また，社会基盤整備においても，九州新幹線鹿児島ルートや南九州西回り自動車道など高速交通体系の整備が着々と進むとともに，企業立地の実現，重要港湾川内港における国際定期コンテナサービスの拡充及びファースト・ポート（国内初寄港地）化の実現，国の定住自立圏構想先行実施団体としての決定など，鹿児島県北薩地域の中核都市として順調に発展してきました。

しかし，現在もなお地域の一体感醸成を始め，地域の活性化，人口減少や少子・高齢化の到来によって生じる様々な「構造的な危機」の克服に向けた取組や国・地方の行財政改革，地方分権への対応が必要です。

また，鹿児島県において，平成２０年９月に公共関与による産業廃棄物管理型最終処分場の整備地が本市内に決定され，最終処分場の整備に向けた手続が進められています。

さらに，九州電力株式会社が計画する川内原子力発電所３号機増設については，平成２１年１月に同社から本市に，環境影響評価準備書の送付に併せて申入れがされ，同年６月，本市は鹿児島県に同準備書についての意見を提出しました。その後，鹿児島県から経済産業大臣に提出された意見等を踏まえ，同年１０月には，経済産業大臣から同社に対し同準備書についての勧告がされています。

平成２０年１１月には，これからのまちづくりの進め方や課題等について市民の意見

「第１次薩摩川内市総合計画（一部変更）９ページ」

化についての調査・検討を行います」となっています。

「新市まちづくり計画」、「ごみ処理基本計画」からは後退しています。

原発と産廃　～改訂総合計画～

２０１１年、平成23年５月に地方自治法が改正されて第２条第４項が削除され、地方自治体の基本構想の策定義務がなくなりました。基本構想は10年計画ですが、薩摩川内市は、４年たった平成22年３月に「第１次薩摩川内市総合計画」の「基本構想（一部変更）」というのを発行しました。

総合計画の改訂版です。まず見開きの「ごあいさつ」の写真が、森卓朗市長から岩切秀雄市長に写真が変わっています。何処がどう変わったのかは、よくわからない中で最初の序論、第２章第１節の２の「薩摩川内市の現状と課題」の中に、「平成20年９月に公共関与による産業廃棄物管理型最終処分場の整備地が本市に決定され、最終処分場の整備に向けた手続きが進められています。さらに九州電力株式会社が計画する川内原子力発電所３号機増設についての調査・検討を行います」となっているのだけが目を引きます。

原発と産廃処分場に対する、岩切秀雄薩摩川内市長の明確な意思表示です。

処分場建設計画　～環境整備公社～

知事発表から３年がたつ２０１０年、平成22年５月19日の薩摩川内市議会産業廃棄物最終処分場対策調査特別委員会に鹿児島県環境林務部は産廃処分場の計画を示しています。それが財団法人鹿児島県環境整備公社による管理型処分場整備計画に係る主なスケジュールです。

平成23年に工事着手して、２年半で完成して、供用開始となっています。

そして工事着手は平成22年10月13日でした。最初の竣工予定は平成25年５月31日でした。それが工事内容等の第１回変更で、平成25年８月31日、さらに第２回変更で平成26年９月30日へと変更しています。

第２回変更の時、77億７０００万円の契約金額が18億７９２０億円増額して、96億４９２０万円にな

ったのです。（工事差止請求訴訟訴状より）

知事が出席して工事完成を祝う竣工式が行われたのは、平成26年12月20日で、年が明けて平成27年1月から供用開始ということになりました。

計画倒し　～市長の不作為～

平成の合併の目玉は地方交付税優遇と合併特例債でした。合併特例債は10カ年度（平成18年度～平成27年度）に限り、地方財政法第5条各号に規定する経費に該当しないものにでも充てることができる（充当率95％）ものであり、その元利償還金の70％について後年度において普通交付税の基準財政需要額に算入されるという地方債です。借金しても返済は実質的には3割で済んだのです。財政的にはこの上もない絶好の好機でした。

なのに薩摩川内市はそれを利用しなかった。

原告側が争点の1つに置いている「鹿児島県産廃処分場不要論」と「薩摩川内市の一般廃棄物産廃処分場持ち込み計画」の接点が岩切秀雄市長への法廷尋問で見えるかも知れません。「川内クリーンセンター最終処分場の整備スケジュール」を計画倒し出来た、唯一の存在とも見えます。

裁判の進行次第では「市長の不作為行為」、そして市有地が採石場に、そして産廃処分場への経過もあぶり出されるかも知れません。

裁判経過と工事進行

大勢の住民、報道関係者が見ている前で、工事関係機器や作業関係者が建設現場に入ったのは、２０１１年、平成23年9月20日でした。

これより先、平成23年6月24日に、最初の裁判、

（資料４）

管理型処分場整備に係る主なスケジュール

H22. 5. 19現在
財団法人鹿児島県環境整備公社

年度	処分場整備	法的手続き	地域振興策関連
20	整備地決定		
21	基本計画策定 基本設計	環境整備公社を廃棄物処理センターとして指定	道路・河川整備の概略設計 道路・河川整備の実施設計
22	設計・施工一括発注 実施設計	県指導要綱に基づく公社から県へ事前協議 県からの事前協議終了通知 廃掃法に基づく公社から県への設置許可申請 県からの設置許可	県・市・地元協議会又は連絡会の設置 簡易水道から上水道切替協議 関係自治会と環境保全協定等の締結 自治会活動等支援金の交付（一定額）
23～	工事着手 （工事期間　2年～2．5年） 工事完成 供用開始	廃掃法に基づく公社から県へ産業廃棄物処分業の許可申請 県からの産業廃棄物処分業の許可	道路整備及び河川改修 簡易水道から上水道切替 自治会活動等支援金の交付

用地取得等に係る公金支出差止請求（約5億円）が提訴されています。そして、公金支出差止請求の第1回弁論の日、住民多数が鹿児島地方裁判所へ傍聴に出かけたその日、工事が始まり、2週間余りたった10月14日、建設工事差止仮処分申請という裁判経過の中での工事進行です。さらに建設差止請求本訴訟、19億円余の公金支出差止請求訴訟が進行することになりました。

平成19年5月8日の記者会見で知事は「たぶん完成までには5年前後の期間は必要なのかなと思います」と述べています。ということは、平成24年には供用開始という見通しです。

薩摩川内市の焼却灰などは、県外ではなく、地元の産業廃棄物最終処分場に運び込むことが出来たということになります。

候補地調査と計画倒し

2007年、平成19年5月8日の記者会見で知事は、「29カ所から4カ所に絞り込み、その中から選んだ」と語り、4カ所の地区名は、質問に答えて明らかにしました。

29カ所からどのように4カ所に絞り込んだかは質問もなく、明らかになりませんでした。

「なぜ川永野なのか、これは企業救済だ」、「突然の発表のようだが、市はもっと早く知っていたのではないか」、さらに「知事があれほどまでに自信たっぷりに発表するということは、知事が自信を持つような下地が出来上がっていたからではないか」など、様々に憶測、噂が飛び交いました。知事発表後、間もなく鹿児島県は廃棄物・リサイクル課作成の「公共関与の候補地調査結果」の一覧表を公表しました。29市町名は全部わかるが、場所を知るための地区名は、知事が質問に誘導されて漏らしてしまった「川永野」など4カ所以外は、黒塗りです。調査結果一覧表は、「敷地面積、埋立容量、アクセスの便利性、現況地質、放流河川、周辺環境、用地取得、屋根を付けるかどうか、つまりクローズドの検討」の7項目で、各々「○、×、△」の3分類で表示しています。例えば、「放流河川」の場合、「×」は河川への放流、「○」は海に直接放流、「△」はその中間だそうです。「現況地質」の空白は、「棒にもハシにもかからない所」という説明でした。

公共関与の候補地調査結果

廃棄物・リサイクル対策課

地域	No.	候補地情報 市町村名	候補地情報 地区名	調査箇所	調査結果 敷地面積・埋立容量	アクセスの利便性	現況地質	放流河川	周辺環境	用地取得	クローズドの検討	推薦等の状況 市町	企業団体	個人	県独自
北薩	1	薩摩川内市	隈之城	1	○	○	○	×	△	○	○		○		
	2	薩摩川内市	[redacted]	1	×	○	○	×	○	△	×				○
	3	阿久根市	[redacted]	1	○	×		○	×	×	×				○
	4	阿久根市	[redacted]	1	○	×		○	○	×	×				○
	5	いちき串木野市	羽島	1	○	△	×	○	×	×	×				○
	6	いちき串木野市	[redacted]	1	△	△	○	△	×	△	×				○
	7	いちき串木野市	[redacted]	1	○	△	○	×	×	×	×			○	
	8	日置市	[redacted]	1	○	△		×	○	△	×		○		
	9	さつま町	[redacted]	1	○	△		×	×	×	×	○			
	小計	9箇所										1	2	1	5
南薩	10	川辺町	[redacted]	1	○	×		×	×	×	×				○
	11	鹿児島市	[redacted]	1	×	○	△	×	○	△	×			○	
	12	鹿児島市	[redacted]	1	○	○	△	×	×	×	×			○	
	13	鹿児島市	[redacted]	1	○	○	△	×	×	×	×		○		
	14	鹿児島市	[redacted]	1	○	○		×	×	×	×				○
	15	日置市	[redacted]	1	○	○		×	×	×	×				○
	16	日置市	[redacted]	1	○	○		×	×	△	×		○		
	小計	7箇所											2	2	3
県央	17〜19	蒲生町	[redacted]	3	○	○		×	○	×	×	○			
	20	〃	西浦④	1	○	○	○	×	○	△	×	○			
	21	湧水町	[redacted]	1	○	○	△	×	○	○	×				○
	22	湧水町	[redacted]	1	○	○	△	×	○	×	×	○			
	23	霧島市	[redacted]	1	○	○	×	×	△	×	×			○	
	24	霧島市	[redacted]	1	○	○		×	△	△	×		○		
	25	霧島市	[redacted]	1	△	○		×	△	△	×				○
	26	霧島市	[redacted]	1	△	○		×	△	×	×			○	
	27	大口市	[redacted]	1	○	×		×	△	×	×		○		
	小計	11箇所										5	2	2	2
大隅	28	肝付町	岸良	1	○	×	○	×	×	○	×	○			
	29	南大隅町	[redacted]	1	○	×		○	○	×	×	○			
	小計	2箇所										2			
合計		29箇所										8	6	5	10

※ 調査結果の現況地質に表示がないものについては、目視のみの調査を行った地区である。

公共関与候補地調査実績

年月日	調査実施地区 市町村名	地区名	市町村名	地区名	市町村名	地区名	市町村名	地区名	[illegible]	[illegible]
H18.05.11	いちき串木野市	羽島	いちき串木野市	[redacted]	いちき串木野市	[redacted]			上加世田、新田、盛	3,240
	蒲生町	[redacted]	蒲生町	[redacted]	蒲生町	[redacted]	蒲生町	西浦④		
H19.05.22	阿久根市	[redacted]	阿久根市	[redacted]					上加世田、新田、盛	600
H18.05.25	蒲生町	[redacted]	蒲生町	[redacted]	蒲生町	[redacted]	蒲生町	西浦④	上加世田、新田、盛	4,460
	湧水町	[redacted]	大口市	[redacted]						
H18.05.31	薩摩川内市	隈之城	薩摩川内市	[redacted]	いちき串木野市	羽島			上加世田、新田、盛	4,140
H18.07.14	蒲生町	西浦④							上加世田、新田、盛	600
H18.07.18	蒲生町	西浦④							新田	1,420
H18.08.17	肝付町	岸良							上加世田、新田、盛	8,440
H18.08.29	蒲生町	西浦④							上加世田、新田、盛	600
H18.08.31	川辺町	[redacted]							上加世田、新田、盛	2,480
H18.09.21	いちき串木野市	羽島	鹿児島市	[redacted]	鹿児島市	[redacted]			新田、盛	400
H18.10.12	霧島市	[redacted]	霧島市	[redacted]					新田、盛	4,760
H18.10.23	薩摩川内市	隈之城	いちき串木野市	羽島	日置市	[redacted]			上加世田、新田	3,790
H18.10.25	霧島市	[redacted]	霧島市	[redacted]	霧島市	[redacted]			上加世田、新田、盛	5,020
H18.11.16	薩摩川内市	隈之城	鹿児島市	[redacted]	鹿児島市	[redacted]			上加世田、新田	4,100
H18.11.29	薩摩川内市	隈之城	日置市	[redacted]	日置市	[redacted]			新田	2,800
H18.12.19	さつま町	[redacted]	湧水町	[redacted]					上加世田、新田	4,990
H18.12.20	霧島市	[redacted]							上加世田、新田	400
H18.12.25	南大隅町	[redacted]							上加世田、新田、盛	8,540
H19.03.06	霧島市	[redacted]							新田、盛	400
H19.03.19	薩摩川内市	隈之城							上加世田、新田	3,500

さらに、「公共関与候補地調査実績」も明らかになりました。

調査は知事発表の前年度、平成18年度に行われたという内容です。

薩摩川内市は隈之城地区のほかに、もう一カ所ありました。地区名は黒塗りですが、いちき串木野市羽島地区併せて、調査にかかった経費は４１４０円となっています。

調査経費は４００円から８５４０円です。どんな調査だったのか、別の疑問を引き起こす資料でもあります。

いかにも付け焼き刃的だということと、「薩摩川内市一般廃棄物処理計画ごみ処理基本計画（案）」が出来た年と同じころです。

「ごみ処理基本計画の計画倒し」と「候補地調査」とは、どこかで連動しているようにも見えます。

もう一つの候補地推測　～薩摩川内市～

候補地調査実績の黒塗りの部分、薩摩川内市の川永野町とは別の、もう一つの候補地は「高江町」という推測、噂が真相のように見えてきます。

「アクセスの利便性」は高速道路のインターチェンジがあることで「○」。「放流河川」は小麦川、八間川があり、川内川に注いでいます。敷地面積、埋立容量とは専門家なら一目でわかりそうです。

平成18年度に作ったということは、それ以前から動きがあったと思われます。ここは産廃処分場計画を進めると同時に一般ごみ処分場整備計画を足踏みさせるという構図の連想です。

公金支出差止請求の原告側は、「決定過程を明らかにすることは出来ないことから、上述のように、候補地として、本件土地を含む29箇所の候補地を形式的に掲げ、その中から『細かい検討』等を行った結果として適正に本件土地が最終候補地として選定された、という形式を取り繕ったのである」(第6章・公金支出差止請求)と訴状で強烈に指摘しています。

過去の失敗　～歴代産廃処分場計画～

鹿児島県では1994年、平成6年、土屋佳照知事の時、公共関与による管理型最終処分場整備を表明し、平成10年1月策定の鹿児島県総合基本計画第3期実施計画で「産業廃棄物の県内完結型処理を推進するため、公共関与による管理型最終処分場の整備を図ります」と明記しています。

鹿児島県の産廃処分場計画は平成5年、6年は旧喜入町瀬々串地区、平成9年は鹿屋市下高隈地区、平成12年は旧国分市上之段地区、平成15年は旧国分市川内地区で計画したものの、いずれも住民の反対で挫折するという経過をたどりました。

旧国分市上之段地区の場合は県有地での計画でしたが、次の国分市川内地区の場合は、商工会議所の陳情を市議会が採択し、それを踏まえ、当時の鶴丸明人市長が県に推薦するという手順まですすんでいました。

だが2005年、平成17年11月に1市6町が合併した新市、霧島市に引き継がれました。だが新市の市長選挙で鶴丸前国分市長を破って初当選した前田終止市長が「推薦を撤回する」と決断して県に伝え、計画は白紙に戻りました。

須賀龍郎前知事は産廃処分場問題に関して「川内には原発があるし、その上、産廃までというのは…」と語っていたということが、「うわさ」として流れてきたものでした。

2007年、平成19年5月8日の伊藤知事の計画発表記者会見では、歴代知事の産廃処分場計画を「過去の失敗」として強く意識しているようにも見える場面もあります。

「いわゆるアカウンタビリティー（説明責任）と言いますか、情報公開をしてきちっと説明をしていくということだと思います。今まではご指摘のような面もたぶんあったのだろうと思います。（中略）必ずしもおやりになる方についての信頼度が薄かったり、色々なことがあったと思います。ですから今回全てのものを、要するに過去の失敗は全部ある意味でレビューーした上で、なぜそういうことになったのかと。ですから今回小出しにしていないのはそうなのです」

原発城下町的闇談合

「エコパークかごしまの建設」と「川内クリーンセンターの計画倒し」は水面下での、鹿児島県と薩摩川内市の間で、ごみ事情の闇談合が行われてきたようでなりません。

知事の記者会見での次の発言は、水道局幹部職員も知らないことだったといいます。

「この浸出水、処理水ですが、河川に放流せずに直接下水処理場に搬送することも可能でありますので、それを探りたいと思います」

鹿児島県側の知事発言ということで、即座には打ち消せませんでしたが、市議会委員会で「計画の変更」という形で取り消したことでした。

行政の枠を越えたところでの、見えない所での話し合い、いわゆる「原発城下町的闇談合」の存在を連想させる場面でした。

2006年、平成18年3月策定の「薩摩川内市一般廃棄物処理計画ごみ処理基本計画」の中の「川内クリーンセンター整備計画」では、2012年、平成24年度から、新設最終処分場で埋立を始めることになっていた。

2007年、平成17年5月8日の知事の記者会見発表では、「工事着工となると、その前に基本設計や実施設計、環境アセスメント等もありますので、たぶん完成までには5年前後の期間は必要なのかなと思います」

川内クリーンセンターの最終処分場は計画で見込んだとおり、満杯状態になった。

２０１２年、平成24年には、完成見込みです。

ところが、「エコパークかごしま」が完成したのは、２０１５年、平成27年の年の瀬でした。

薩摩川内市は平成28年度早々、川内クリーンセンターの焼却灰を運び込んだのです。

平成24年度から平成27年度までは、県外の産廃処分場で処分してもらったのです。

県外委託の足跡

平成24年度当初予算に新規事業として、次のように予算計上されました。

川内クリーンセンター最終処分場の延命化を図るため、焼却主灰・不燃残渣等（甑島分を含む）を外部処分委託するもの。

○　最終処分場焼却主灰等処分業務委託

一般財源７０００万円を計上したのです。

予算全額を使った訳ではなく、実際の支出は決算書での確認です。

平成24年度５９３２万１１８２円（決算）

平成25年度７９２７万７４４６円（決算）

平成26年度６５１１万００４１円（決算）

平成27年度６７８４万１０００円（予算）

平成28年度７０７６万００００円（予算）

合計は３億４２３３万５６６９９円

宮崎県の業者との契約
（平成25年４月１日付）

（業務報告）

第６条　乙及び丙は、１

甲の検認を受けること

（委託料）

第７条　甲の委託する廃棄物の収集運搬及び処分に関する委託料は、次のとおりとする。

(1)　焼却灰処分費　　1ｔ当たり　15，800円（乙の業務）

(2)　飛灰処分費　　1ｔ当たり　21，700円（乙の業務）

(3)　収集運搬費　　1ｔ当たり　4，400円（丙の業務）

２　委託料は、乙が発行する計量証明から算出する数量に、前項の委託料の単価を乗じ、消費税等を加算した額とする。

大分県の業者との契約
平成27年６月10日付

（業務報告）

第６条　乙は、乙及び丙を代表し

提出し、甲の検認を受けること

（委託料）

第７条　甲の委託する焼却飛灰の収集運搬及び処分に関する委託料は、次のとおりとする。

⑴　焼却飛灰の処分費　　1ｔ当たり　12，500円（乙の業務）

⑶　焼却飛灰の収集運搬費　　1ｔ当たり　6，000円（乙及び丙の業務）

２　搬入先の自治体等が一般廃棄物等の処分のために徴収する経費がある場合は、前項の処分費に含むこととする。

３　委託料は、乙が発行する計量証明から算出する数量に、第１項の委託料の単価を乗じ、消費税等を加算した額とする。

どのような契約だったか、公文書開示請求で明らかにされた契約書の一部分です。

委託契約

平成28年度、薩摩川内市が産廃処分場へ持ち込もうとしている量は次の通りです。

焼却主灰が約２５００ｔ、焼却飛灰が約１０００ｔ、埋設廃棄物が約５２００ｔとなっています。全部で、８７００ｔです。

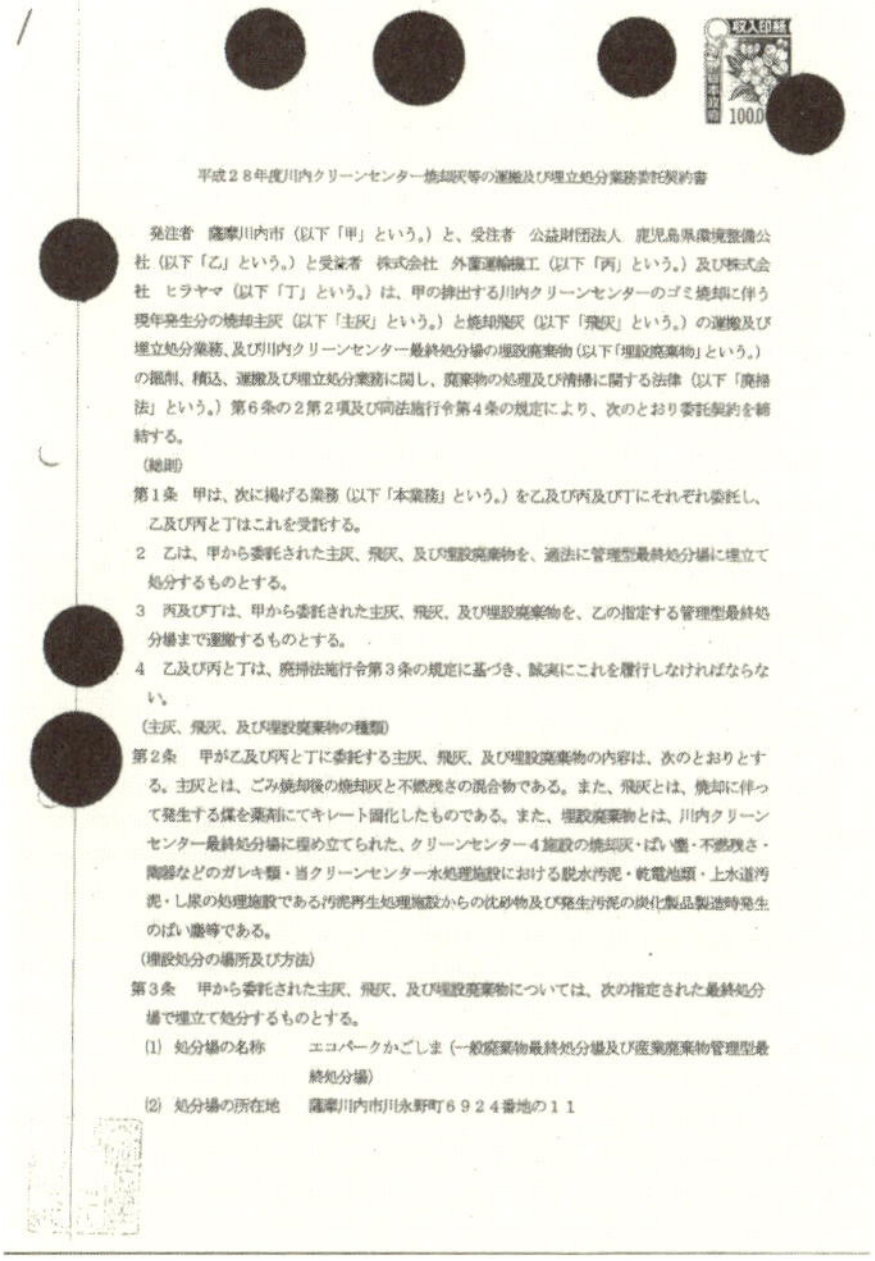

収入印紙 100,0

平成２８年度川内クリーンセンター焼却灰等の運搬及び埋立処分業務委託契約書

発注者　薩摩川内市（以下「甲」という。）と、受注者　公益財団法人　鹿児島県環境整備公社（以下「乙」という。）と受注者　株式会社　外薗運輸機工（以下「丙」という。）及び株式会社　ヒラヤマ（以下「丁」という。）は、甲の排出する川内クリーンセンターのゴミ焼却に伴う現年発生分の焼却主灰（以下「主灰」という。）と焼却飛灰（以下「飛灰」という。）の運搬及び埋立処分業務、及び川内クリーンセンター最終処分場の埋設廃棄物（以下「埋設廃棄物」という。）の掘削、積込、運搬及び埋立処分業務に関し、廃棄物の処理及び清掃に関する法律（以下「廃掃法」という。）第６条の２第２項及び同法施行令第４条の規定により、次のとおり委託契約を締結する。

（総則）

第１条　甲は、次に掲げる業務（以下「本業務」という。）を乙及び丙及び丁にそれぞれ委託し、乙及び丙と丁はこれを受託する。

２　乙は、甲から委託された主灰、飛灰、及び埋設廃棄物を、適法に管理型最終処分場に埋立て処分するものとする。

３　丙及び丁は、甲から委託された主灰、飛灰、及び埋設廃棄物を、乙の指定する管理型最終処分場まで運搬するものとする。

４　乙及び丙と丁は、廃掃法施行令第３条の規定に基づき、誠実にこれを履行しなければならない。

（主灰、飛灰、及び埋設廃棄物の種類）

第２条　甲が乙及び丙と丁に委託する主灰、飛灰、及び埋設廃棄物の内容は、次のとおりとする。主灰とは、ごみ焼却後の焼却灰と不燃残さの混合物である。また、飛灰とは、焼却に伴って発生する煤を薬剤にてキレート固化したものである。また、埋設廃棄物とは、川内クリーンセンター最終処分場に埋め立てられた、クリーンセンター４施設の焼却灰・ばい塵・不燃残さ・陶器などのガレキ類・当クリーンセンター水処理施設における脱水汚泥・乾電池類・上水道汚泥・し尿の処理施設である汚泥再生処理施設からの沈砂物及び発生汚泥の炭化製品製造時発生のばい塵等である。

（埋設処分の場所及び方法）

第３条　甲から委託された主灰、飛灰、及び埋設廃棄物については、次の指定された最終処分場で埋立て処分するものとする。

⑴　処分場の名称　　エコパークかごしま（一般廃棄物最終処分場及び産業廃棄物管理型最終処分場）

⑵　処分場の所在地　　薩摩川内市川永野町６９２４番地の１１

平成27年度実績と平成28年度、川内クリーンセンターからの分を合わせて、ようやく知事の見込みの半分です。

薩摩川内市は、いずれは整備しなければならない、川内クリーンセンターの最終処分場の整備を先送りしている結果、平成24年度から毎年次のような委託料を支出しているのです。

公文書開示

２０１６年度初日、「平成28年4月1日、川内クリーンセンター焼却灰等の運搬及び埋立処分業務委託契約書」というのが、薩摩川内市と鹿児島県環境開発公社、薩摩川内市の外薗運輸機工、出水市のヒラヤマの間で取り交わされました。

岩切市長が「今の金額より低くなるよう交渉し

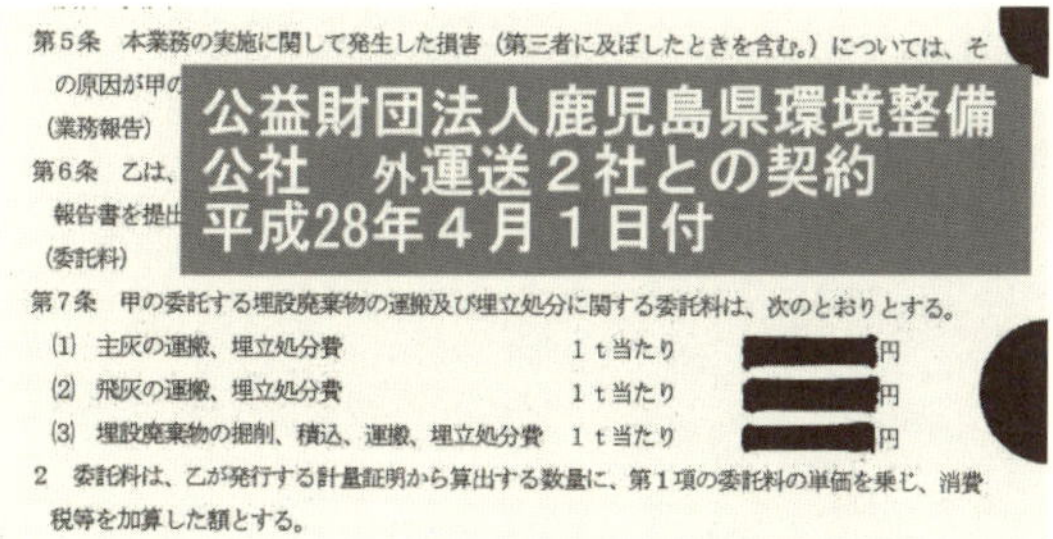

公益財団法人鹿児島県環境整備公社　外運送２社との契約
平成28年４月１日付

第５条　本業務の実施に関して発生した損害（第三者に及ぼしたときを含む。）については、その原因が甲の

（業務報告）

第６条　乙は、

報告書を提出

（委託料）

第７条　甲の委託する埋設廃棄物の運搬及び埋立処分に関する委託料は、次のとおりとする。

⑴　主灰の運搬、埋立処分費　　１ｔ当たり　[redacted]円

⑵　飛灰の運搬、埋立処分費　　１ｔ当たり　[redacted]円

⑶　埋設廃棄物の掘削、積込、運搬、埋立処分費　１ｔ当たり　[redacted]円

２　委託料は、乙が発行する計量証明から算出する数量に、第１項の委託料の単価を乗じ、消費税等を加算した額とする。

ていきたい」と述べた委託料金はどうだったのか。
公文書開示請求に基づいて示された契約書では、印影とともに、第7条の委託料金欄は黒塗りで隠されていた。

委託料金は黒塗り　～県外業者は公開～

黒塗りにしたことについて、開示決定通知書では「法人の印影及び契約金額（契約単価）は、開示することにより法人の部管理に関する情報等であり、開示することにより法人の権利又は利益を害するおそれがあるため」

印影はともかく、契約金額（契約単価）を黒塗りとしたのは、理解に苦しむところです。

市長が明らかにしたこれまで委託した宮崎県や大分県の民間業者との契約書開示では、全て、委託料は契約金額（契約単価）がそのまま公開されています。

公益財団法人鹿児島環境整備公社も行政機関ではなく、民間団体だし、運送2社は県外業者と同じ株式会社です。

産廃処分場は迷惑施設　～岩切市長～
10億円振興　～市議会一般質問～

薩摩川内議会9月定例会開会日、2014年、平成26年8月27日のMBCニュースナウのトップニュースです。「鹿児島県が薩摩川内市に進めている産業廃棄物の管理型最終処分場周辺の振興を図る目的で、県市町村振興基金から、10年間で10億円拠出される事がわかりました」。宝くじ収益を財源としている、市町村振興基金から地域振興事業の補助金が拠出されることになったということが、この日の議員全員協議会で明らかにされたという内容のニュースでした。

2地区へ20億円

9月8日の9月定例議会一般質問2日目の傍聴席は報道

関係者も含め傍聴席は20人余りです。

社民党の佃昌樹議員が「産業廃棄物管理型最終処分場に関し、2地区コミュニティ協議会に振興対策としての10億円の補助金について」と通告して質問しました。

佃昌樹議員「管理型産業廃棄物処分場に関し、隈之城、永利の地区コミ協議会に振興対策として10億円の補助金についてですが、事業費と補助金、5割だということになっているのですが、事業補助金だけで10億ですから、（総額で）20億円使えることになるんじゃないかと思います。そう理解していいですか」と念押しです。

自治体が事業費として使う場合は、同じ金額を自主財源から手出しすることになるので、事業総額は2倍の20億円になる。しかも、使える2地区は限定されていることに驚いての質問です。

迷惑施設

岩切秀雄市長「そういう理解でいいですが、市が持ち出す2分の1については、国庫補助、県補助をいろんなものを含めての事業費と考えてもらえれば、ありがたいです」

佃昌樹議員「市長はこうした補助金をもらうために、5年前からと言うことでありましたが、4団体ありますから、市長会の中でどのような説明をされたのか、一応、産廃を県内各地から持ってくるのだから、という理由、理由の一端は述べられましたが、詳細にどういう説明をして、理解をしてもらったのか、そこのところをお答え願いたい」

岩切秀雄市長「あのう、いずれですね、全員協議会で説明する予定にしておりましたけど、ちょっと経過だけ申し上げたいと思います。（メモを見ながら）私は、当選しまして21年の8月の県下市長会で私が申し上げたのは、産業廃棄物は県内どこででも排出される。それをどこの団体もなかなか受け入れてくれなくて今日に至っている。従って一般的には、『迷惑施設』だと…。これを本市が受けた以上、県

下市長会でもなんとか支援をしてほしい。しかし、各市から支援してもらう訳にいかないので、振興資金を活用させてほしいということを申し上げました」

鹿児島県の産廃処分場建設の手法に反発している団体も、産廃処分場そのものを、「迷惑施設」と決めつける事はしていない。公の場で、それも議会本会議で初めて聞く、極めて露骨な発言でした。

迷惑施設への公金支出

薩摩川内市はごみ処理の計画を作りながら、もっとも緊急性を要する川内クリーンセンターの最終処分場の整備を先送りしました。平成24年度から27年度まで県外の産廃処分場に毎年次のような委託料を支出しているのです。

平成24年度５９３２万１１８２円（決算）
平成25年度７９２７万７４４６円（決算）
平成26年度６５１１万００４１円（決算）
平成27年度６７８４万１０００円（予算）

そして、平成28年度も当初予算に７０７６万円を計上しています。合計は３億４２３０万９６６９円にのぼる公費の支出です。

岩切秀雄市長は、産廃処分場を「迷惑施設」と公言する一方で、その迷惑施設に川内クリーンセンターの焼却灰等を運び出し、多額の公金を支出し始めている。

住民監査請求
～公費の無駄使い～

川内クリーンセンターの最終処分場の整備は「出来なかったのではなく、やらなかった」のだし、公務員の不作為行為と思わ

住民監査請求
（薩摩川内市職員措置請求書）

薩摩川内市は川内クリーンセンターの焼却灰等をエコパークかごしまに搬入しているが、契約内容が最も重要な部分が開示されないなど不明朗なので、この契約に伴う公金支出を差し止める措置を請求します。

請求の要旨

1・平成28年4月1日、薩摩川内市長は、公益財団法人鹿児島県環境整備公社、運送会社2社と委託契約を結んでいる。
だが、「埋立処分費」など公金支出に関する項目は非開示としている。
契約金額を黒塗りにして開示しない理由といて、「契約金額（契約単価）は、当該法人等の内部管理に関する情報等であり、開示することにより法人の権利又は利益を害するおそれがある」としている。
これまでの鹿児島県外の事業所との契約内容は全て公開しており、不公平で不当です。全面開示する措置を求める。

2・平成27年6月10日付けで薩摩川内市長は大分県と福岡県の事業者と「川内クリーンセンター焼却灰等の収集運搬及び処分の業務委託契約書」を交わしている。

飛灰処分の契約は、	処分費	1t当たり	12，500円
	収集運搬費	1t当たり	6，000円
焼却主灰は、	処分費	1t当たり	10，500円
	収集運搬費	1t当たり	5，000円

それより前、平成25年4月1日付けで、薩摩川内市長は宮崎県の事業者と契約しています。

焼却灰処分費	1t当たり	15，800円
飛灰処分費	1t当たり	21，700円
収集運搬費	1t当たり	4，400円

3・宮崎県から大分県に変更した経緯について、岩切秀雄市長は、「平成27年11月25日の議員全員協議会で、次のように述べてい月す。
「本市の焼却灰については、最終処分場を持ちながら外部委託し、宮崎県へ搬出していた。しかし、その業者が逮捕されたことから、現在は大分県へ搬出しているが、来年3月に期限が切れるため、今後エコパークかごしまへの搬出を考えている。私としては、早い時期に県との協議を進めていきたい。350キロ毎日トラックで運んでおり、『それなりの金額である』。県に受けていただくにも、今の金額より低くなるように交渉していきたい。結果はまた報告させていただく。」

市長発言の「それなりの金額」というのは、おおむね次のような内容になっています。

1

平成24年度　5932万1182円（決算）、　平成25年度　7927万7446円（決算）
平成26年度　6511万0041円（決算）、　平成27年度　6784万100円（予算）
平成28年度　7076万0000円（予算）

4・薩摩川内市は、市町村合併直後の平成17年度に「薩摩川内市一般廃棄物計画ごみ処理基本計画」を策定しています。合併前に旧東郷町、合併後に旧樋脇町、甑島旧4村の一般廃棄物を川内クリーンセンターで受け入れた結果、既存の最終処分場が平成23年度まで満杯になると予測し、それまでには新施設を完成させ、平成24年度から埋立開始を計画していた。合併に伴う地方交付税の優遇措置、合併特例債の発行など、財政的には最も条件のいい時期であった。
なのに薩摩川内市は計画を実行していない。公務員の不作為とも考えられる。
鹿児島県は、平成18年度に「公共関与候補地調査」を行い、翌平成19年5月7日に伊藤祐一郎知事が「公共関与による産業廃棄物管理型最終処分場計画」を発表している。知事は「完成までには5年前後の期間は必要」と平成23年、24年頃の完成見通しを明らかにしています。
薩摩川内市の計画と知事の発言を付き合わせたとき、薩摩川内市が「エコパークかごしま」への搬入を考え、それを知事も同意したと想像できる。「エコパークかごしま」の完成が遅れたため、平成24年度以降、薩摩川内市は毎年度、多額の公金を委託料として支出することになりました。

5・川内クリーンセンター最終処分場を整備し、委託料金の支出を差し止める措置を求める。
薩摩川内市は、エコパークかごしまを「迷惑施設」と認識していることを、岩切秀雄市長本人が市議会本会議で発言している。そのような施設への公金支出は公序良俗に反することであり、公金支出の差し止めの措置を求める。

薩摩川内市中福良町2476－1
電話　22－7775
川内の自然と未来の子ども達を守る会
森朱茂

薩摩川内市国分寺町6558－15
電話　20－0024
モリワロー事務所
森永満郎

地方自治法第242条第1項の規定により、別紙事実証明書を添え、必要な措置を請求します。

平成28年5月9日
薩摩川内市監査委員　殿

2

れます。

市長自身が「迷惑施設」と公言している所に、公金を支出することは、反社会的だし、「公序良俗」に反することで、止めなければならないことです。

これまでの産廃処分場、及び運送会社との契約金額は公表しているのに、公益法人鹿児島県環境整備公社、株式会社外薗運輸機工、株式会社ヒラヤマの契約に関しては、運搬、埋立処分等の委託料を非公開にしているのは理解に苦しむところだし、様々な想像を生み出す原因です。

税金の使い方について実態を理解するのに、「情報公開」がこういう状況だから、住民としては「監査請求」しか残されていないのです。

公金の使い方に関する情報公開と早く自前の施設を整備して反社会的な施設（岩切秀雄市長の発言）支出を止めさせる請求を出しました。

迷惑施設との契約

岩切秀雄市長が市議会本会議で、「迷惑施設」と決めつけた「エコパークかごしま」とはどういうものなのか。

平成28年4月1日、薩摩川内市、公益財団法人鹿児島県環境整備公社、株式会社外薗運輸機工、株式会社ヒラヤマの4者は、「平成28年度川内クリーンセンター焼却灰等の運搬及び埋立処分業務委託契約書」を結んでいます。

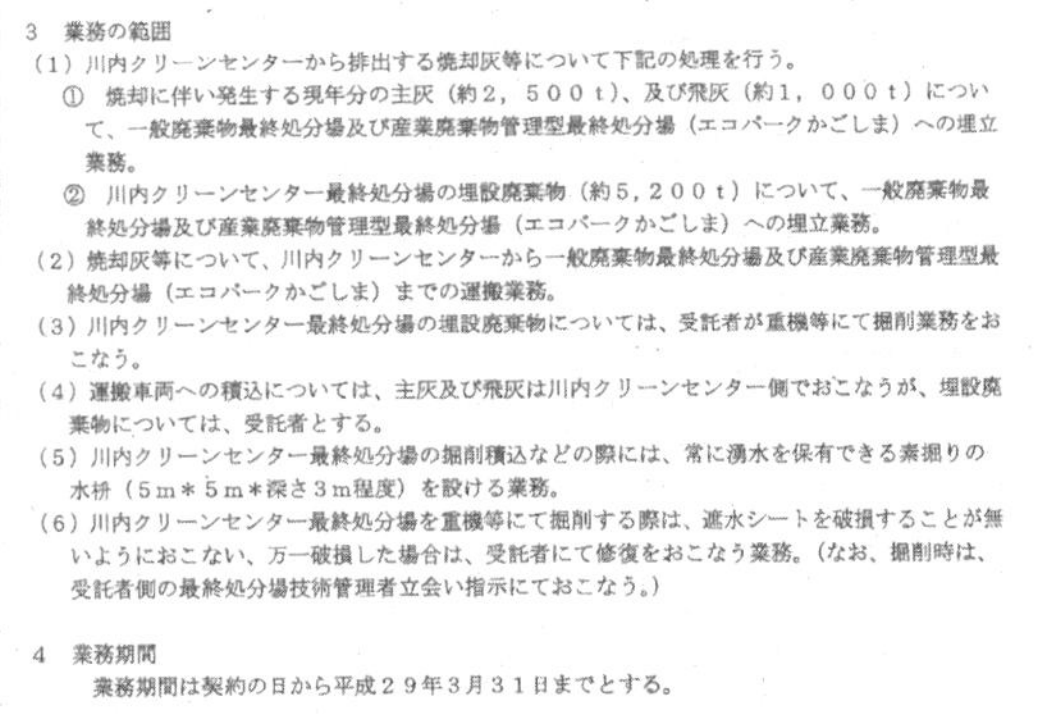
3　業務の範囲
（1）川内クリーンセンターから排出する焼却灰等について下記の処理を行う。
①　焼却に伴い発生する現年分の主灰（約2，500t）、及び飛灰（約1，000t）について、一般廃棄物最終処分場及び産業廃棄物管理型最終処分場（エコパークかごしま）への埋立業務。
②　川内クリーンセンター最終処分場の埋設廃棄物（約5，200t）について、一般廃棄物最終処分場及び産業廃棄物管理型最終処分場（エコパークかごしま）への埋立業務。
（2）焼却灰等について、川内クリーンセンターから一般廃棄物最終処分場及び産業廃棄物管理型最終処分場（エコパークかごしま）までの運搬業務。
（3）川内クリーンセンター最終処分場の埋設廃棄物については、受託者が重機等にて掘削業務をおこなう。
（4）運搬車両への積込については、主灰及び飛灰は川内クリーンセンター側でおこなうが、埋設廃棄物については、受託者とする。
（5）川内クリーンセンター最終処分場の掘削積込などの際には、常に湧水を保有できる素掘りの水枡（5m＊5m＊深さ3m程度）を設ける業務。
（6）川内クリーンセンター最終処分場を重機等にて掘削する際は、遮水シートを破損することが無いようにおこない、万一破損した場合は、受託者にて修復をおこなう業務。（なお、掘削時は、受託者側の最終処分場技術管理者立会い指示にておこなう。）

4　業務期間
業務期間は契約の日から平成29年3月31日までとする。

第3条の処分場の名称では「エコパークかごしま（一般廃棄物最終処分場及び産業廃棄物管理型最終処分場）」となっています。

契約書付属で業務の内容が決められています。

3　業務の範囲

（1）川内クリーンセンターから排出する焼却灰等について下記の処理を行う。

①　焼却に伴い発生する現年分の主灰（約2500t）、及び飛灰（約1000t）について、一般廃棄物最終処分場及び産業廃棄物管理型最終処分場（エコパークかごしま）への埋立業務。

②　川内クリーンセンター最終処分場の埋設廃棄物（約5200t）について、一般廃棄物最終処分場及び産業廃棄物管理型最終処分場（エコパークかごしま）への埋立業務。

（2）焼却灰等について、川内クリーンセンターから一般廃棄物最終処分場及び産業廃棄物管理型最終処分場（エコパークかごしま）までの運搬業務。

（3）川内クリーンセンター最終処分場の埋設廃棄物については、受託者が重機等にて掘削業務をおこなう。

（4）運搬車両への積込については、主灰及び飛灰は川内クリーンセンター側でおこなうが、埋設廃棄物については、受託者とする。

（5）川内クリーンセンター最終処分場の掘削積込などの際には、常に湧水を保有できる素掘りの水枡（5m×5m×深さ3m程度）を設ける業務。

（6）川内クリーンセンター最終処分場を重機等にて掘削する際は、遮水シートを破損することが無いようにおこない、万一破損した場合は、受託者にて修復をおこなう業務。（なお、掘削時は、受託者側の最終処分場技術管理者立会い指示にておこなう）
4　業務期間
業務期間は契約の日から平成２９年3月３１日までとする。

年間4万t

薩摩川内市と環境整備公社の契約内容から、どうやら、1年間に８７００tを、「エコパークかごしま」に運び込むことになりそうです。

「エコパークかごしま」が公表している資料からは、平成27年度の産業廃棄物受入量は、1万１４５３tです。これと薩摩川内市の計画分を合わせると、約2万tです。鹿児島県が計画している「年間4万t」の半分です。

２００７年、平成19年5月8日、計画発表の時、伊藤知事は次のように述べています。「実は産業廃棄物は従来我々が予測したよりも急激に量が減ってきているのです。ですから4万tぐらいだと60万tで15年という説明をしていますが、したがってこれがきちっとできあがれば、当分の間はこの施設で十分かなと思います」

知事は残り半分をどのように考えているのだろうか、地元には川内原子力発電所の低レベル放射性廃棄物との連想が消えていない。

闇の象徴

宝くじ収益金が原資の10億円の振興資金を手に入れるために、「エコパークかごしま」を「迷惑施設」と公言した岩切市長ですが、「迷惑施設」であることを否定、または訂正でもしたら、今度は、「詐欺行為」ということになる。

ひょっとしたら薩摩川内市は、川内クリーンセンターの最終処分場を空にするまで、冠岳山麓に運び出すつもりかも知れない。

薩摩川内市が契約金額を公表できないのは、公金で「迷惑施設」に運ぶこととは別の理由があるのかも知れない。

情報公開文書の黒塗りは、産廃処分場の闇の象徴のようにも見える。
その闇を明かりで照らすことを監査委員に期待したい。

第9章　証人尋問

証人尋問　～公金支出差止請求～（２０１６・０６・１４）

２０１６年、平成28年６月14日、午後１時30分、鹿児島地方裁判所２０２号法廷です。

平成23年（行ウ）第３号（５億円）と平成25年（行ウ）第10号（18億円）の２件の公金支出差止請求事件は併合審理です。

産廃処分場関連訴訟初めての証人尋問です。

原告側が知事と薩摩川内市長を証人として求めたのに対し、被告側が被告・知事本人ではなく、県庁職員を申請し、裁判所はそれを認めました。

被告側が申し出た知事の身代わりの証人は、５億円支出差止請求が２人、18億円支出差止請求が２人で、この日は、18億円支出差止請求の方です。

知事と市長については、４人の尋問が終わってから決めるというのが裁判所の方針です。

産廃処分場の経過

平成16年７月11日　伊藤祐一郎、知事選挙初当選
平成19年５月８日　知事が産廃処分場計画を発表
平成20年７月13日　伊藤祐一郎、知事選挙再選
平成22年１～２月　基本計画、基本設計概要発表
平成22年10月５日　工事競争入札
平成22年10月12日　77億７千万円工事請負契約
平成23年３月17日　５億円土地取得議案議決
平成23年６月24日　５億円公金支出差止請求訴訟
平成23年10月14日　建設差止仮処分申請
平成24年５月16日　仮処分申請却下決定
平成24年７月８日　伊藤祐一郎、知事選挙３選
平成25年３月28日　18億７９２０万円増額契約
平成25年８月29日　建設差止請求提訴（本訴）
平成25年11月12日　18億円公金支出差止請求
平成27年12月２日　伊藤知事４選出馬表明

証人宣誓

午後１時30分定刻通り開廷です。

40席の傍聴席に30数人が埋め、ほぼ満席です。

正面判事席中央は鎌野直敬裁判長、裁判長右側は福田敦裁判官、裁判長左側は谷矢愛裁判官、低くなっている前列には前野拓馬書記官、両側に、速記席が設けられ、速記タイピストが着席です。

書記官「平成23年（行ウ）第3号及び平成25年（行ウ）第10号です」。公金支出差止請求事件2件を併せて審理することの通知です。

裁判長が証言台の前に2人を呼んで、確認した上で、宣誓を求めました。

裁判長「証人として尋問いたしますのでウソを言わないという宣誓をしていただきます。宣誓の上でウソがありますと、偽証罪で処罰されることがありますので注意してください。宣誓書を声を上げて朗読してください」

証人2人「宣誓、良心に従って真実を述べ、何ごとも隠さず、偽りを述べないことを誓います」

技術面での尋問　～福永和久証人～

この日の証人尋問は、工事請負費18億7920万円の増額契約変更関連です。

最初は、現在東京霞ヶ関の国土交通省河川環境課に出向している福永和久証人です。

福永証人は、平成21年4月から平成22年3月までの1年間、鹿児島県管理型処分場建設推進センターに、また、同年4月から平成26年3月までの4年間、公社に所属し、産業廃棄物管理型最終処分場の建設に係る業務に携わっていたことをまず、陳述書で述べています。

変更契約で増額となった大まかな内容と金額を次のように示しています。

①埋立地側面部の土工工事　約7億円
②岩の粉砕工事　約4億円
③建設発生土搬出　約4億円
④濁水処理設備　約1億円
⑤その他　約2億円

このうち約7億円と、もっとも高額な土工工事については、埋立地を掘削するために現場の岩盤の状況が工事前の想定と大きく違い、工法の変更が必要になったためとしています。約2億円の「その他」については、本件処分場建設に反対する市民等の方々の工事阻止行動により場内に入れずに待機していた期間中の作業員、重機等の費用が含まれています。早朝8時頃に現地に入るように準備をしますが、現地に集まられた市民等の方々の工事阻止行動により本件処分場建設現場への進入が困難となり、作業員や重機等が建設現場へ入ることができません。実際の工事ができなくても、その日の工事応分として発生した受注者の人件費や重機代を負担する必要があります。

また、現地に入れない間は梅雨時期に重なり、雨の影響や現地に入れないロス時間の影響もあり、窪地に貯まっていた水のかさが増していくことになりました。工事着手に当たっては、この水を取り除く必要があることから、現地に入れずに水かさが増した分、上記④にある「濁水処理設備」を追加する費用が発生したということです。

知事記者会見

【伊藤知事】この土地は採石場跡地ですが、地質が不透水性の岩盤でありまして、地下水への浸透が考えられないような岩質の所であります。

【記者】現在としては採石場として稼働中ということですか。

【伊藤知事】採石場は今、少しやっています。高さが表面から40数mまで掘り下げていますから、相当長い間採石していた地域です。

【環境生活部長】昭和46年に許可を受けています。

【伊藤知事】昭和46年からですから30年以上ずっと採石してこられて、自分たちで掘り込むのは大変だけれど、採石場として掘り込んでいただいていたというのが、今の段階で言えば我々としてはなかなかありがたいということです。

国交省の感覚で言えば、１００ｍクラスのダムを建設しても十分なくらいの岩盤ということであり、適地である。

傍聴席から

知事が発表したこととは、何もかもが大違いで、結果的に増額契約変更になった。長年採石をやっているのだから、何処が盛り土とか岩盤場所がどの区域かということはわかっているはずで、想定外というのはおかしい。

競争入札で一度契約し、その後、増額契約する、これこそ最初からの想定ではなかったのか。

その他の約2億円の内訳について、「市民の阻止行動により、ガードマン代、4千万円から5千万円、重機のリース代1億円位…」という証言にも、傍聴席から抗議の雰囲気が伝わってきた。

市民からは「岩盤地帯はもろく、破砕帯が多いから、せめて20カ所くらいのボーリング調査」を申し入れたのに無視した。証人の証言は、「技術者の発言というより、知事の顔を立てることを最優先にしているようでならない」。

本当のことを語れるのは知事しかいないというのが、傍聴席の多くの感想です。

財政面での尋問　～桐野康実証人～

桐野証人は、平成23年4月から25年3月までの2年間、鹿児島県環境林務部廃棄物・リサイクル対策課専門員として、また平成25年4月から平成27年3月までの2年間、鹿児島県環境林務部参事付として、産業廃棄物管理型最終処分場整備の推進に係る業務に携わっていました。

その中で、平成25年3月28日に公社と請負者とで締結した本件処分場整備工事の変更契約の工事費が約18億8千万円の増額になることを踏まえた補助金や貸付金の支出の必要性と採算性についての検討を行いました。

「産業廃棄物の排出量は経済情勢等により大きく左右されるものでありますが、当時、景気は緩やかに回復しており、今後、更なる景気の回復や地域経済の活性化も期待されるところであり、公社の収支見通しにおいては、その受入量を基本計画と同じく4万tという数値を使用しました」

とまず見通しを述べ、本論に進みました。

採算性について

「公社が当初請負金額から約18億8千万円増額する本件変更契約を請負者と締結するに際して、収支が見合うのかという点については、施設整備費を約94億円、産業廃棄物の搬入量を60万t、処分料金を1t当たり1万8000円及び2万1000円のケースで試算し、利益を確保できるとした基本設計における収支を計算した『公共関与による産業廃棄物管理型最終処分場に係る基本計画・基本設計策定業務委託報告書（基本設計編）』のシミュレーションを基礎に推計しました。

その結果、本件変更契約後の施設整備費は約96億5千万円で、収支を計算した基本計画策定時から約2億5千万円の増額となるものの、収入については、基本財産等の運用や活用できる補助金等の検討により増収に努め、また、支出については、安全性を前提に業務費及び管理費の縮減に努めることにより、本件変更契約後においても、収支のバランスが図れるという見通しに変わりはないと考えました」

収支見通し

「収支見通しに当たっては、基本計画時と同じ、年4万tが最終処分量として発生し、その全量を受け入れることを前提としました。

処理料金の平均単価をt当たり1万9千円とし、埋立期間の15年間に60万tの廃棄物を受け入れることにより、約114億円の収入を見込み、支出は、公社の運営費や施設の維持管理費約54億及び建設費の借入金返済約59億円の合計約113億円を見込み、その時点の認識として、収支は概ねバランスが図れると考えました」

桐野証人の陳述書をもとに、主尋問、反対尋問、右陪席裁判官の尋問のあと、鎌野直敬裁判長が証人に尋問し、「エコパークかごしま」の現状を次のように確認しました。

裁判長「現在、1500tから1800tの産業廃棄物が来ている。すると年間2万tくらいのペースで来ているから、半分くらいというのが、現状認識…」

知事の記者会見

伊藤知事「企業は企業で自分たちがやるつもりで調査もされたようです。（中略）実は資金がすごく長く寝るのです。造るまでに5年、埋め立てるだけに15年、その後の管理が10年前後かかりますので、民間企業としてはそれだけ資金を寝させて、長期に資本を抱え込むこと自体がなかなか難しいということになり、（中略）しかも搬入する廃棄物が1t当たりいくらと、少なくともリーズナブルな数字がありますので、そうするとなかなか採算的に難しいというのが今年の3～4月ぐらいで明らかになってきました」と企業救済のように聞こえる発言の後、次のようにも話しています。

「実は産業廃棄物は従来我々が予測したよりも急激に量が減ってきているのです。ですから4万t位だと60万tで15年という説明をしています」

知事のこの発言と証人の法廷での証言には、基本的な考えに違いがあり、知事の法廷の証言を是非、聞きたいものです。

傍聴席から

「本件事業については、平成23年4月に着工予定でしたが、国庫補助金交付決定の遅れや反対運動などにより、平成23年7月に工事着工しました。また、9月の現場作業着手後も、工事妨害が続き、実質的に工事がスタートしたのは10月末頃となりました。さらに、この間に窪地に貯まった水について、排水処理に半年程度を要し、また、工事着工後、夏季の大雨の影響や埋立地側面部の土工工事などの工事の変更の必要性が明らかになり、処分場の完成時期は、当初計画よりも遅れることが見込まれました。また、工事費について、公社において精査を行っていたところ、窪地に貯まった水の排水の長期化…」

財務面からも、「採石窪地」は厄介者のようだけど、賛成しない市民の行動がよほど憎たらしかったようです。

「工事妨害」という4文字にその気持ちが印象的に込められているように見える陳述書です。

薩摩川内市議会　～13万tを見込む～

平成28年3月8日、薩摩川内市議会一般質問で、薩摩川内市一般ごみの「エコパークかごしま」への搬入量について質問を受け、執行部は次のように答弁しています。

春田修一市民福祉部長「エコパークかごしまへは、川内クリーンセンターで発生する焼却灰、（中略）毎年発生します焼却灰と、これまでクリーンセンター最終処分場に埋設していた焼却灰を搬出する予定でおります。

平成28年度に搬出する量につきましては、毎年の焼却灰が年間約3500tでございます。それに、埋め立てております焼却灰につきましては、平成28年度には、約5000tを処理できないかということで、予算に計上をさせていただいたところでございます。全体を申しますと、エコパークかごしまの事業期間内に、約13万t程度を見込んでるところでございます」

議会では市長が答弁したあと、補う形で職員が補足答弁するというのがふつうですが、ここではそれが逆です。

岩切秀雄市長「今、部長のほうが、ずっと、るる答弁しましたが、ごみ最終処分場については、もう既に満杯になっているわけで、これを今後どうするかっていうことで、用地については、隣を買収して持ってはおりますけど、これ、ここに第2の最終処分場をつくるとなると、約40億円ぐらいかかるという試算であります。（中略）これを一旦掘った後に、またつくるということで計画しております。そして、次のまた15年たてば、また満杯になりますから、その次の—結局二つつくるということは30年間になるわけです。30年間の分のうちの15年を延期させると。それは、今、大分に持っていってるのをエコパークに入れていただければありがたいなということで、交渉してきたところでございます」

この問題では、市長は、自前の最終処分場を建設する計画を明言しています。

最終処分場建設　～薩摩川内市議会～

平成24年3月12日の市議会定例会で岩切秀雄市長は、ごみ問題について、東日本大震災の廃棄物受入について問われ、次のように答弁しています。

「私も視察をしましてびっくりして、これは何か国民が協力しなければ復興は難しいと、時間がかかると思っておるところでございます。当然ながら、瓦れきについては受け入れることについては何ら異存はございません。ただ、本市の処分場におきましては、昨年、最終処分場が満杯に近いということで、1mほど地元の理解を得てかさ上げをいたしました。そして、甑島と今後平成25年から始まります祁答院・入来の分もここで処理するように考えておるところでございまして、最終処分場を建設することでずっと計画はいたしておりますが、財政的にかなり厳しいということで、これにかわるものとして、平成24年度からこの埋め立てを外部に委託することで、今、予算を措置したところでございます」

傍聴席から　～ごみの予約席～

法廷が認識した現時点での「エコパークかごしま」への年間の産廃の持ち込み量は、計画の半分の約2万ｔです。それに議会等の質疑等で明らかになった一般廃棄物の年間の持ち込み予想量は喜界町、三島村、十島村、それに薩摩川内市からの約８８００ｔということになります。

「エコパークかごしま」の40万ｔの容量のうち、20万ｔは産廃、一般廃棄物は薩摩川内市の13万ｔで、あと7万ｔの余裕があります。

ここに「川内原発の低レベル放射性廃棄物」の連想が入り込んでくる余地があるのです。

薩摩川内市はどのようにして、「川内クリーンセンターのごみ」を掘り起こしてまで、「エコパークかごしま」に持ち込むことになったのか、それを答えることが出来るのは、薩摩川内市長だけのように見えます。

原発城下町での産廃処分場の実態のようにみえます。

証人尋問　～屋根付き可能が決め手～

（２０１６・０７・１２）

２０１６年、平成28年7月12日、午後1時30分、鹿児島地方裁判所２０２号法廷です。

平成23年（行ウ）第3号（5億円）と平成25年（行ウ）第10号（18億円）の２件の公金支出差止請求事件は併合審理、前回、6月14日の18億円公金支出差止請求に続く2回目の証人尋問は5億円の公金支出差止請求で、産廃処分場関係では最初の提訴です。

提訴から8年、住民訴訟2事件の被告となり、4期目を目指した伊藤祐一郎知事は、平成28年7月10日に選挙で落選し、7月27日で任期終了です。知事選挙を挟んで行われた証人尋問では、後半部分が傍聴席からは、より強烈な印象でした。

計画発表後大きな疑問だった場所の選定の理由、決め手は「屋根付きの建設が可能だった」ということが初めてわかったことでした。

場所選定　～訴状～

場所の選定について、訴状は、産廃処分場の選定に関して、次のように示しています。

「鹿児島県（ないし被告）が本件土地を最終候補地として選んだ最たる理由は、当時既になされていたガイアテックによる適地調査などに関する報告書の存在にある。即ち、ガイアテックは、自社で産業廃棄物処理事業を行う目的で適地調査を行っていたが、産業廃棄物処理事業には長期資本が必要となることや、事業自体が採算ベースにのらないことが、平成19年3月ないし4月頃には、ガイアテック（及びガイアテックの上部会社である植村組）には明らかとなっていたのである。そこで、ガイアテック（及び植村組）は、メインバンクの鹿児島銀行とともに、鹿児島県が主体となって本件土地での産業廃棄物処理事業を行うことを被告にもちかけたのであり、これを受けた鹿児島県（ないし被告）は、ガイアテックが独自に行った適地調査等に関する報告書を前提に、事実上、本件土地に産業廃棄物処理施設を建設することを決めた。しかし、このような決定過程を明らかにすることは出来ないことから、候補地として、本件土地を含む29カ所の候補地を形式的に掲げ、その中から『細かい検討』等を行った結果として適正に本件土地が最終候補地として選定された、という形式を取り繕ったのである。このことは、平成20年8月20日、鹿児島県環境生活部廃棄物・リサイクル対策課に当時在籍していた高山大作氏、前田哲志氏及び新田福美氏が、本件事業についての説明の為に、処分場予定地に隣接する冠嶽の鎮國寺を訪れた際に、高山氏が、鎮國寺の村井住職らに対し、29カ所の候補地のうち、現地調査をしたのは本件土地だけであり、残る28カ所については、『伊藤知事が、〈ここ（本件土地）だけでいい〉と言ったから、しなかった』と説明したことから明らかである。以上のとおりであり、本件処分場用地取得の手続は、特定業者の便宜を図った極めて不合理なものであって、違法または著しく不当である」

場所選定の尋問　～新田福美証人～

2回目の証人尋問の最初は、場所選定の担当者だった新田福美証人からです。

平成16年4月から21年3月まで5年間、鹿児島県環境生活部廃棄物・リサイクル対策課に所属し、産業廃棄物管理型最終処分場の候補地選定に係る業務に携わっていたことを陳述書で述べ、「公共関与の候補地調査結果」の29カ所について、選定経過を述べています。

陳述書では、「29カ所の候補地から、4カ所を絞り込み、その中で、覆蓋施設の設置も検討したが、4カ所の中で地形上隈之城地区だけが、コンパクトな屋根を架けることが可能でした」と述べ、建設場所選定の経過を結んでいます。

知事は計画発表の記者会見では、地形とか地質とか、用地買収の条件など多くをならべましたが、安上がりに屋根付き施設に出来ることだったと、あらかじめ書面で陳述しており、被告代理人に続く原告側からの質問は、そこに集中しました。

新田証人は平成18年1月の段階でそれまで事業計画を進めていた霧島市で市長選挙があり、市長が替わり、計画が白紙になり、平成18年2月か3月頃から新しい候補地探しに着手した。平成18年5月に企業が独自に事業化するという情報があったが、採算性が厳しいということで、最終的には、ここが鹿児島県の候補地になったと語りました。

最初は、被告代理人からの主尋問です。
被告代理人「29カ所から、いくつかに絞り込む第1次選定過程で、（中略）、『下流に住宅連帯地域がないこと』という項目がありますけど…」
新田証人「住宅が密集している、すなわち集落があるということです。下流に集落があるかないかというのは選定の重要な検討項目…」
被告代理人「本件処分場については、下流側に集落があるのではないですか」
新田証人「その通りでございまして…」
被告代理人「では、その分、低く評価されるのではないですか」
新田証人「そうです。バツ、バツ、バツで評価したと思います」
被告代理人「それでも最終候補地として残したのはなんですか」
新田証人「最後の項目にございました、クローズド型、屋根付きの処分場が建設可能ということであります」
被告代理人「屋根付きの処分場が可能であるということは、具体的にどのようなメリット、利点があるのでしょうか」
新田証人「通常の処分場ですと、雨水で廃棄物を浄化し、安定化する構造になってございます。その場合、天候に左右される面が影響が大きくて、水処理規模はそれに応じたやつを作る必要がある。そういう意味でもリスクを持っている。
屋根付きの場合は、同じく廃棄物を水で浄化、安定化させるのですけど、最適な水を、最適な量だけ散布するという手法をとりますので、オープン型とは全然違うということです。それに加えて、処分場近辺においては、廃棄物の飛散とか、臭いの問題等もございまして、それも回避できるということです」
原告代理人「クローズドの検討も最初からあがっていたのですか」
新田証人「最初からではありません」
原告代理人「ではいつからですか」
新田証人「そこは記憶にないところです」
原告代理人「記憶にない…。29カ所から4カ所に絞り込む、1次選定の時に、クローズド化の検討もあがっていたということでいいですか。はいか、いいえで、まず…」
新田証人「平成18年5月に企業から情報提供があった。その当時、全国の産業廃棄物の管理型最終処分場を視察したが、クローズドタイプというのは存在しませんでした」
原告代理人「クローズドの検討が検討項目に入ったのは、民間会社が、民間会社ではあきらめたといったあとからだという証言でしたかね。平成19年3月ごろ、企業があきらめたと連絡。その頃から、クローズドの検討が始まったのですか。私が知りたいのは、クローズドが始まった時期、具体的に…。それまでは、覆蓋施設は検討していなかったでいいのですね。通常のオープン型で、選定を進めていました。あなたの証言だと、19年3月になってから、クローズドの検討が浮き上がってきた」
原告代理人「ハイ、それについては、29カ所、全部について検討されたのですか」
新田証人「ハイ、フィードバックして…」
原告代理人「住民の理解が得られやすいところと知事は記者会見で語っているが、29カ所からの選定条件に、知事の発言したことは入っているのですか」
新田証人「入っていません」

原告代理人の白鳥努弁護士は、クローズド、つまり屋根付施設の出発点について追い込んだけど、「記憶にない」の一言で逃げられました。それは、企業の計画書の中にはあったのではないか、証拠申請してでも、確認してもらいたいことです。低レベル放射性ごみの持ち込みとも関係する問題でもあります。

鎭國寺問答

「平成20年8月20日、鹿児島県環境生活部廃棄物・リサイクル対策課に当時在籍していた高山大作氏、前田哲志氏及び新田福美氏が、本件事業についての説明のために、処分場予定地に隣接する冠嶽の鎭國寺を訪れた際に、高山氏が、鎭國寺の村井住職らに対し、29カ所の候補地のうち、現地調査をしたのは本件土地だけであり、残る28カ所については、伊藤知事が、『ここ（本件土地）だけでいい』と言ったから、しなかったと説明したことから明らかである。以上のとおりであり、本件処分場用地取得の手続は、特定業者の便宜を図った極めて不合理なものであって、違法または著しく不当である」

この訴状の部分について、新田証人ら鹿児島県庁の3人が鎭國寺を訪問したことを確認した上で、次の原告代理人の尋問です。

原告代理人「あなたは、寺側が『29カ所から選ばれなければ、おかしいのではないか』と質問されたのは憶えていますか」

新田証人「お寺さんの方から、今回のような立地可能性調査はほかではやってないのですか』という質問でした。それに対して、『1カ所だけでしか行っていません』と答えたのは憶えています」

原告代理人「表現としては、最初から1つという選び方もあるという表現も間違いないですね、おわります」

新田証人「…」

鎭國寺問答について、尋問したのは美奈川成章弁護士でした。

法廷終了後の弁護団報告会で「鎭國寺に来たときには、もう決まっていたなァということを印象づける話でした。クローズドとかいうのも、誰か、『天の声』があったのではないか。証拠としては難しいけど、不合理な選定過程があるのは裁判所は絶対に…」と証人尋問の印象を語りました。

用地取得費

鹿児島県は、平成23年の3月定例県議会に、産廃処分場の用地買収のための財産取得議案を提出し、原案通り可決されました。薩摩川内市川永野町の土地25万6401・84㎡を5億290万2212円で取得するという内容です。

内訳は、薩摩川内市の公衆用道路294㎡を2万4402円、地元の個人1人から7379㎡を287万7818円、それに5億円の土地賃貸契約で、議案の取得金額、5億290万2212円となります。

議案第32号

財産の取得について議決を求める件

財産の取得について，鹿児島県財産に関する条例第２条の規定に基づき，次のとおり議決を求める。

平成23年２月提出

鹿児島県知事　伊藤祐一郎

次のとおり財産を取得する。

1　財産の種類，面積及び所在地

種類	面積	所在地
土地	256,401.84平方メートル	薩摩川内市川永野町字小奈多平及び百次町字三ツ峯地内

2　取得金額　502,902,212円

3　取得の相手方　薩摩川内市西向田町５番11号
株式会社ガイアテックほか４者

（提案理由）

エコパークかごしま（仮称）に係る用地として取得しようとするものである。

5億円をめぐる攻防

訴状は、「土地取得にかかる取得金額287万7810円及び土地賃貸にかかる賃貸料5億円の公金を支出してはならない」としているが、問題にしているのは5億円で、裁判も「5億円」をめぐる攻防です。

証人尋問も、場所の選定をめぐる経過が中心になった1人目の尋問につづいて、2人目の上片平文裕証人への尋問も「5億円」についてが中心でした。

5億円の内訳

訴状は、「場所の選定は知事独断」とする鎮國寺問答に続き、「取得金額の不合理性」を次のように指摘しています。鹿児島県は、薩摩川内市所有の公衆用道路と個人所有の原野を買い受けているのに、企業と企

内訳	面積	金額	単価
公衆用道路（薩摩川内市）	294㎡	24,402円	83円
個人1人の原野	7,379㎡	2,877,810円	390円
買収2件合計	7,673㎡	2,902,212円	378円
土地賃貸契約（5年間）	248,729㎡	500,000,000円	2,010円
合計	256,402㎡	502,902,212円	1,961円

業関係者2人の土地は、平成23年4月から平成40年3月までの期間、総額5億円で賃借する。（中略）土地取得費相当額を3900万円、補償費相当額を5億1800万円と算定し、この総額5億5700万円から防災調整池及び緑化に要する経費を控除して、総額5億円とした。ガイアテック外2名から買い受けた土地代金は3900万円であるのに、補償費相当額が5億1800万円と極めて高額であって、しかも、それは、建物や工作物の移転補償、動産移転補償、移転雑費補償及び立木補償を内容とするものであるが、その具体的内容及び金額が不明である。かつ、5億円が何故に賃貸料として支払われるのか、理由は不明である。

被告・準備書面（1）は次のように、内訳表を示して答えています。

薩摩川内市と個人1人の原野については、さほど高額でなく、土地所有者の希望で買い受けた。ガイアテック外2名の土地を5年契約の賃貸借にしたのは、「一括での支出は県の財政に大きな負担となるから支出の平準化を行い、賃貸借期間が終了したら、所有権を鹿児島県に移転するようにして、契約に先立ち、財産取得の議決を求めた」と述べた上で、ガイアテック外2名からの土地取得相当額として、産廃処分場最終埋立地と防災調整池となる採石場のほかの土地の内訳を示し、「ガイアテック外2名から買い受けた土地代金は3900万円である」としています。

土地取得相当	面　積	単価（円/㎡）	合　計
採　石　場	204,597㎡	83円	16,981千円
プラント敷地	25,918㎡	540円	13,996千円
資　材　置　場	16,650㎡	390円	6,494千円
事務所用地	1,564㎡	1,000円	1,564千円
合　計	248,729㎡		39,035千円

まず、訴状が「不明」としている「補償費相当額」につ

内　訳	補償額	内　容
建物移転料	71,655千円	建物撤去及び再築に要する経費への補償
工作物移転料	426,478千円	機械設備等の撤去及び再築に要する経費への補償
動産移転料	14,314千円	建物内の動産などの移転に要する経費への補償
立木竹補償金	2,714千円	取得地内の杉、松の取得価格
移転雑費補償金	3,678千円	機械設備等の移転に伴い生じる諸経費への補償
営業補償	5,9651千円	移転に伴い営業を休止する期間に対する補償
その他通常生じる損失補償	255,410千円	採石権に対する補償
合　計	833,900千円	

内　訳	補償額
建物移転料	71,655千円
工作物移転料	426,478千円
動産移転料	14,314千円
立木竹補償金	2,714千円
移転雑費補償金	3,678千円
防災調整池等経費	▲53,313千円
合　計	465526千円

内　訳	金　額
土地取得費相当	39,035,000
報償費相当	465,526,000
合　計	504,561,000

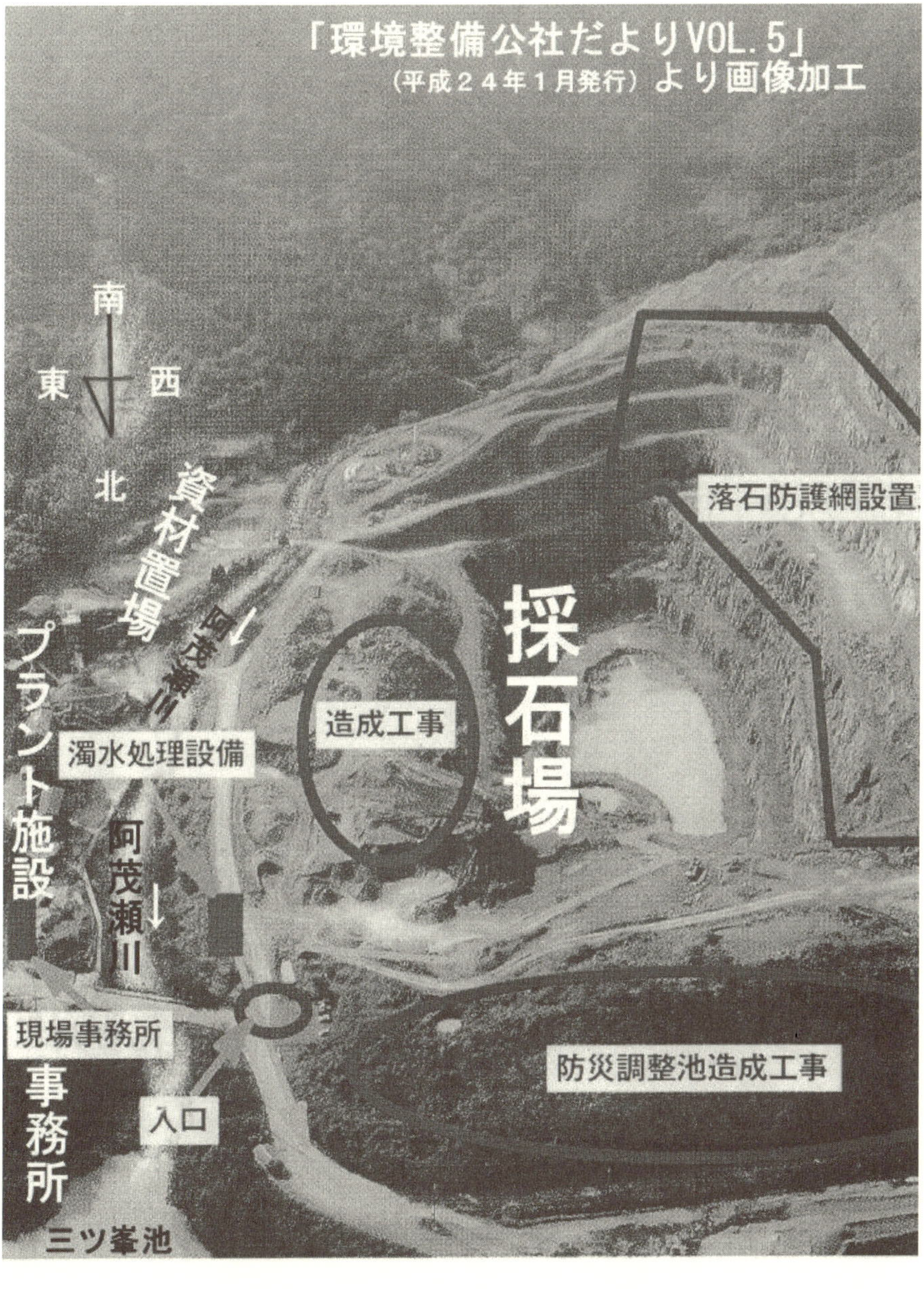
「環境整備公社だよりVOL.5」
（平成２４年１月発行）より画像加工
南
東
西
北
資材置場
阿茂瀬川
プラント施設
濁水処理設備
阿茂瀬川
造成工事
採石場
落石防護網設置
現場事務所
事務所
入口
防災調整池造成工事
三ツ峯池

いては、「補償額相当額について損失補償基準等に基づき補償コンサルタント会社が算出した額は次の通りであった」として、内訳と補償額、その内容を一覧表にして示しています。

どのようにしてこのような金額がでてくるのか、算出した方もまさか裁判で明るみになるとは思っていなかったのではなかろうか。このようにして、住民を裁判に追い込むような金額がはじき出されたのです。

「以上のとおり、土地取得費相当額を３９０３万５０００円、補償費相当額を４億６５５２万６０００円、計５億４５６万１０００円と算定し、この金額をもとに地権者と交渉を行い、協議の結果、賃料を５億円としたものである」

尋問陳述書　～上片平文裕証人～

上片平文裕証人です。上片平証人は、平成22年４月から25年３月までの３年間、鹿児島県環境林務部廃棄物・リサイクル対策課に所属し、産業廃棄物管理型最終処分場建設の業務に携わっていたことをまず、陳述書で述べています。処分場の用地取得の業務も担当し、用地費や補償費の積算及び土地契約売買契約等に係る事務も行った。

証人尋問は、被告側の主尋問ではじまります。

被告代理人「今回の賃貸借の土地の範囲については、阿茂瀬川の右岸が対象になっていますね。阿茂瀬川の右岸、もともとプラントがあったところですね。ハイ。これは、この場所が選ばれたときから含まれていたのでしょうか」

上片平証人「基本設計の段階では含まれていなかったと、記憶しています」

被告代理人「いつ頃から、賃貸借地の対象になったのでしょうか」

上片平証人「基本設計が平成22年３月に終わって、それから実施設計に入るまでの間で…」

被告代理人「阿茂瀬川の右岸が賃貸借の対象になったのは、なぜですか」

上片平証人「採石の継続は止めて欲しいということと、中間覆土材の置き場が必要になってきたということが、検討されたことです。

地元の皆さんに説明をする中で、処分場の近くで、発破によって遮水工に影響がでるのではなかろうかという、そのことを含めてガイアテックさんの方にお話をしたと憶えています。

基本設計を進める中で、処分場本体や調整池を配置するなかで、どうしても中間覆土材を置く場所が確保出来ない。よって新たに計画する必要があるという中で、なされたと憶えております」

続いて、原告代理人の反対尋問が行われました。最後に、裁判官による尋問が行われました。

原告代理人の反対尋問を踏まえながら、「最小の経費で最大の効果」という訴訟の趣旨に焦点を絞ったわかりやすい尋問でした。

傍聴席も引き込まれた、圧巻の場面でした。

裁判官尋問　～最小の経費で最大の効果～

谷矢愛裁判官（左陪席）「補償費相当額をコンサルタント会社に委託して積算していただいたということなんですが、その結果を受けてから、額がもう少し安くならないか、そういう検討はされたのですか」

上片平証人「それについては、最も安い価格ということだったので、それを変えるということは考えていません」

福田敦裁判官（右陪席）「まず、阿茂瀬川右岸の東側ガイアテックが、この場所で発破を行うと遮水工に影響を与えるのではないかという不安が住民から為されたという、これは処分場の設計の段階で、このような恐れがないように適応するとか、というようなことは難しいのですか」

上片平証人「実質的なことまでは申し訳ありませんが、わかりません」

福田裁判官「住民の不安というのは、現実に起こりうるものかどうかと言うことは、検討されましたか」

上片平「当時いなかったのでわかりません」

福田裁判官「どのように引き継がれましたか。あなたは平成22年4月に着任されていますが、役職はなんですか」

上片平証人「主幹という役職になります」

福田裁判官「廃棄物・リサイクル課においては、何番目の管理職になりますか」

上片平「管理職ではないです」

福田裁判官「ないですか。…前任者から引き継ぎを受けられた。住民のそのような不安、恐れが、本当におこるか、どうかというのを担当者として、あなたが新たに調査しようというようなことは考えなかったのですか」

上片平証人「それはありません」

福田裁判官「なぜですか」

上片平証人「住民の不安を排除すると言うことから入ると聞いておりましたので、私の方からあえて、検討と言うことは考えませんでした」

福田裁判官「先ほど、原告代理人から示されておりましたが、お作りになったパンフレットでは、そのようなことは問題はないというような経緯がありましたよね。それと整合しない行為かと思うんですが、行政としてね、何故調査をされなかったのですか」

上片平証人「極力住民の皆様の不安を排除するというのを第1に考えなければいけないというところがあったかと思います、はい」

福田裁判官「次に、この場所を中間覆土材で利用すれば、大幅にコストが削減できると陳述書で述べておられますが、幾らぐらいコストが削減できるのですか」

上片平証人「金額までは記憶がありません」

福田裁判官「算定の方は私はしておりません」

上片平証人「算定はしましたか」

福田裁判官「だれがしましたか」

上片平証人「公社だったかと思います」

福田裁判官「どんな報告を受けていますか」

上片平証人「金額はどのくらいだったかということは憶えておりませんが、コストが下がるという話は聞いております」

福田裁判官「では、何故、大幅にと言うことが言えるのですか。それから先程来、本件土地については公平、公正な損失基準を用いたと、本来的には用いない場面において、損失補償基準を流用しているような事例、これはあなたが担当した事例ではおありですか」

上片平「わたしはありません」

福田裁判官「では、このような事例で、損失補償基準を用いるというふうに決めたのは、あなたが着任される前ですか、後ですか」

上片平証人「着任前だったかと思います」

福田裁判官「この件はあなたが着任した時は、もう既に決まっていたことで、どうこうすることは出来なかったということですか」
上片平証人「私の方でその考え方はなるほどということがあって、そのまま引き継いだということです。そのまま議論を続けたということです」
福田裁判官「なぜ、売買契約だと公正公平な取扱いができないのですか」
上片平証人「…（傍聴席からは聞き取れない）」
福田裁判官「あなたは本件については、県の方が全責任を取らなければいけないので権限自体を取るのだとおっしゃった。これは安全性のことも含めて、全責任ですか。県が余りにも高い値段で引き取ってしまうと、その後、公社に負担がかからないですか。実施主体は公社ですよね。そこは問題はないのですか」
上片平証人「…（傍聴席からは不明）」
福田裁判官「この管理型処分場は公社に運営させて採算がとれるという判断ですすめられたものですよ。阿茂瀬川の右岸部分ですが、先程来あなたは、県としては最初は必要のない土地だったとおっしゃいましたよね」
上片平証人「土地ではなくて、プラントを買い取る必要はなかったと…」
福田裁判官「逆に言えば、土地を丸ごと買い取ってしまって、プラントごとですね、プラントを県の方で処分すると、こういうことは考えられなかったのですか」
上片平証人「損失補償基準の中では、あくまでもさら地にしてもらっていただくということでした」
福田裁判官「ただ所有権さえ取得すれば、あとはどのような形で使おうが、それとも壊してしまおうが、それは所有権者が決められますよね。だとすれば、県がまとめて買い取って、その後県のもとで処分すると言うことは考えられなかったのですか」
上片平証人「そのときは、そのような、検討はしておりません」

次に裁判長の尋問です。
鎌野真敬裁判長「契約の形式を売買ではなく、賃貸借をとった理由として、支出の平準化という理由を挙げられているが、実際には最初の平成24年度に

3億400万円支払う内容になっていて、これはガイアテックの方から、プラントの移設に経費がかかるから、という申し出があったということですが、そうだとするとプラントを何処に移設するとかいう具体的な話はあったのですか」
上片平証人「いえ、そのような話はなかったかと思います」
鎌野裁判長「うん、そこはどうして確認しなかったのですか」
上片平証人「あくまでも、さら地として、いただくということと、ガイアテックさんの申し出、さら地として建物を撤去する、少なくとも撤去にかかる経費というものが、こういうものがあるということになります」
鎌野裁判長「プラントが現実に移設されたのか、それとも何らかの形で廃棄されたのか、そのへんは確認されたのですか」
上片平証人「いえ、一部移設されたとは聞いていますが、具体的に、どれだったのかということは、私の方では…（聞き取れない）」
鎌野裁判長「移設されたか、廃棄されたかによって、金額が、大きく変わるのではないですか」
上片平証人「さきほどお話しした、例えば建物を移転するに当たって、建物が建てられたかどうかということまでは、確認を求めるようにはなっていません。その考え方と同じ考え方です」
鎌田裁判長「それから、阿茂瀬川の右岸に施設を移設することになった経緯、ガイアテックの方に発破作業を止めてもらうという話が出た、中間覆土材の置き場として利用するという話があったと思うのですが、その中間覆土材の利用のコストダウンとガイアテックに対する補償額の増大の関係というか、そこは、それに見合う、コストダウンがはかれるということだったのかどうかということは、どうだったのでしょうか」
上片平証人「移設にかかる経費とコストダウンの比較はしておりません」
鎌野裁判長「（声きつく）していない？」
上片平証人「あのう、廃棄物・リサイクル課の中ではしておりません」
鎌野裁判長「それは非常に重要な観点ではないかと、思いますが…」

上片平証人「損失補償基準の考え方の中では、あくまでも、さら地として提供いただく、それにかかる経費…、その中で最小限の予定価格ということで…（傍聴席からは、よく言葉がわかない）」

鎌野裁判長「そうですか、それから、ガイアテックに補償するに当たって、ガイアテックが採石場をやめるに当たって、原状回復というのをしなければならないということに当たって、原状回復しなくてもいいということになったので、原状回復費用を差し引くということを検討されなかったのでしょうか」

上片平証人「原状回復という…（傍聴席からは語尾不明）」

鎌野裁判長「採石業法で原状回復しなければいけないということが定められていますが、その点は何か…」

上片平証人「確か、採石法だったと思いますが、土地を取得する者、双方、合意の中で、それは求める必要はない、とあったので、その計上はしてなかった…」

鎌野裁判長「（すかさず）しかし、最小の経費で、事業を進める中では、一つの交渉材料として、原状回復をしなければならないと法律上はされているところを、しなくていいということになったので、そこは交渉して、補償金額の低額を図る余地はあったと思うのですが、そういう交渉は、なさらなかったのですか」

上片平証人「そこの部分、原状回復の部分はしておりません」

鎌野裁判長「それは、なぜ」

上片平証人「営業にかかるところは、…必要ないということで…」

被告代理人「原状回復の質問がありましたけど、採石のために掘られた穴、そこを埋めて元に戻すという必要性がガイアテックにはあったのではないかという質問だと思うが、埋め戻してもらうということは、県にプラスになることですか」

上片平証人「もともと、くぼ地を利用するということが前提ですので、埋め戻しをしてもらうとかえってコストが余計かかかってしまう…」

（「違う」と傍聴席から）

被告代理人「 おわります」。閉廷。

採算性　～供述書～

法廷での尋問、証言はありませんでした。上片平証人は陳述書の最後で、「採算性」について次のように述べています。「管理型処分場については、前述のとおり積極的に公共関与を行う必要性が高いことから、整備を進めるものであります。そのため、採算性のみを重視するものではありませんが、平成21年度に策定した『公共関与による産業廃棄物管理型最終処分場基本設計』の中で施設概要や概算費用等について検討を行っており、概算ではありますが採算性についても検討した上で公共関与による管理型処分場整備を推進しています。基本設計においては、供用開始から15年間で60万㎥の埋立量を見込み、処理料金の平均単価をt当たり1万8000円以上とした場合、収支はプラスになるとされていました」

裁判所は地方自治法に視点を置いているのに対して、鹿児島県は、損失補償基準を根拠にした尋問のやりとりのように傍聴席からは見えました。

最小の経費で最大の効果

訴訟提起のよりどころは、地方自治法の次の項目です。

2条14項で、地方公共団体は、その事務を処理するに当たっては、住民の福祉の増進に努めるとともに、「最少の経費で最大の効果」を挙げるようにしなければならない。

地方財政法は、地方財政運営の基本として、次のように規定しています。

（予算の編成）
第三条　地方公共団体は、法令の定めるところに従い、且つ、合理的な基準によりその経費を算定し、これを予算に計上しなければならない。

2　地方公共団体は、あらゆる資料に基づいて正確にその財源を捕そくし、且つ、経済の現実に即応してその収入を算定し、これを予算に計上しなければならない。

裁判所の質問は、この法律に基づいての質問でした。

伊藤祐一郎知事

鹿児島地方裁判所の産廃処分場裁判の法廷開廷表には、「被告　鹿児島県知事　伊藤祐一郎」とありました。

原告が証人として尋問を申請したのは、伊藤祐一郎本人でした。

それに対して、裁判所は、被告側の言い分を認め、知事の代わりに4人の県庁職員の出廷を認めたのです。その時の裁判所の見解は、「4人の証人尋問のあとで、伊藤本人を証人として呼ぶかどうかを判断する」でした。

その、伊藤祐一郎知事は、平成28年7月10日の知事選挙で落選し、通算3期12年間の任期は7月27日で終わることになります。

次からは開廷表の「被告」がどのような表記になるのか、それはともかくとして、「伊藤祐一郎」個人は、裁判から降りることは出来ないのです。「住民訴訟」の相手は「伊藤祐一郎個人」であり、それを明確にする手続きは取られています。

訴え変更申立　～伊藤祐一郎に請求～

公金支出差止請求事件は、平成23年（行ウ）第3号（5億円）は14回弁論、平成25年（行ウ）10号（18億円）は第10回弁論です。平成27年10月29日付「訴え変更の申立書」が出され、この日に陳述です。

平成23年（行ウ）3号事件では「まだ実施されていない金1億6800万円の支出は差し止め、すでに支払った金3億3490万2212円については、被告は、伊藤祐一郎に対し遅延損害金を付加して、同額の支払いを請求するよう求めるものである。以上」と結んでいます。

弁論の後、裁判長は、「年内に結審し、現在の裁判官構成で判決を出したい」と意向を伝えたということです。原告側は、鹿児島県知事ともう1人、薩摩川内市長の証人尋問を申請しています。産廃処分場の必要性、採算性の関連です。

平成23年(行ウ)第3号　公金支出差止請求事件
原　告　　川　畑　清　明　　外9名
被　告　　鹿児島県知事　伊藤祐一郎

平成２７年１０月２９日

鹿児島地方裁判所民事第1部合議係　御中

原告ら訴訟代理人弁護士　　白　　鳥　　努
外

訴え変更の申立書

請求の趣旨を以下の通りに変更する。

第1　請求の趣旨の変更

変更前

1　被告は、別紙記載の土地取得にかかる取得金額290万2212円及び土地賃借にかかる賃借料5億円の公金支出をしてはならない。

2　訴訟費用は被告の負担とする

との判決を求める。

変更後

1　被告は、別紙記載の土地賃借にかかる賃借料金1億6800万円の公金支出をしてはならない。

2　被告は、伊藤祐一郎に対し、金3億3490万2212円及び内金2万4402円に対する平成23年6月10日から、内3億400万円に対する平成26年4月1日から、内金1400万円に対する同年7月2日から、内金287万7810円に対する同27年5月22日から、内金1400万円に対する同年7月1日から、それぞれ支払済みまで年5分の割合による金員を支払うように、請求せよ。

3　訴訟費用は被告の負担とする

との判決を求める。

おわりに

夏草の中の廃墟

「エコパークかごしま」の正門を東側に進み、阿茂瀬川に架かる三峰橋を渡って、冠岳に通じる細い道路に入ると、まだ新しさが残る鉄条網が張り巡らされていて、山をざっくり切りそいだその下に、産廃処分場の白い屋根が見えます。処分場と鉄条網の間が、証人尋問の最後に、もっと安い経費で処分できなかったのかと、尋問の焦点になった土地です。

裁判官「阿茂瀬川の右岸

さら地を条件に移転補償した
プラント敷地付近
（阿茂瀬が川右岸（2016.8.1）

部分ですが、先程来あなたは、県としては最初は必要のない土地だったとおっしゃいましたよね」

証人「土地ではなくて、プラントを買い取る必要はなかったと…」

裁判官「逆に言えば、土地を丸ごと買い取ってしまって、プラントごとですね、プラントを県の方で処分すると、こういうことは考えられなかったのですか」

その方が、より安く出来るのではないかという、原告側と同じ考え方に沿った尋問でした。

証人は「損失補償基準の中では、あくまでもさら地にしてもらっていただくということでした」と証言しました。

さら地と強調した土地は、夏草の中のコンクリートの廃墟のように見えます。

夏草を払えばもっと出てきて、「さら地」という約束はどうなったのか、別の法律違反を想像する現場です。

傍聴席での感想

産廃建設をめぐる公金支出差止請求事件の証人尋問を傍聴した原告側の傍聴者は、薩摩川内市に帰ってからも、あの時の傍聴席での「勝てる裁判」を実感した感想を、傍聴に行けなかった人たちへも語り継いでいます。

「鹿児島県は、伊藤祐一郎に対し、違法支出した公金の支払いを請求するよう求める」という住民訴訟は、年内結審、来春判決という見通しも語られるようになりました。

最初からの疑問だった、場所の選定についての証人の陳述は、まさに「初めに結論ありき」を強く印象付けて、氷解した感じでした。

高額用地代のカラクリについても、裁判所の尋問は厳しく糾弾しているように見えたと口々に伝えられたことでした。

裁判の進行と共に思い浮かぶのが、次のような法律です。

請求権放棄議決

地方自治法　第二節　権限〔議決事件〕

「第九六条　普通地方公共団体の議会は、次に掲げる事件を議決しなければならない」とあり、「十　法律若しくはこれに基づく政令又は条例に特別の定めがある場合を除くほか、権利を放棄すること」とあります。

住民訴訟と議会による請求権放棄議決のことです。

原告勝訴が確定した場合、鹿児島県議会が伊藤祐一郎個人への請求権放棄を議決すれば、被告、鹿児島県は伊藤氏への請求はしないという構図です。司法判断を議会が覆すことになります。

もし、原告勝訴が確定したならば、次に来る構図が予想されることです。

高度な法制問題であり、それ自体大きな問題として注目されることになるでしょう。

冠岳山腹の産業廃棄物最終処分場をめぐる住民訴訟は、証人尋問という山場を越えました。

ただ、原告側の証人尋問申請は、伊藤祐一郎本人と薩摩川内市長です。

これに対して、被告・鹿児島県側が、担当職員4人を代わりに出廷させたのでした。

裁判所は年内に結審することと、今の陣容で判決を出したい意向を原告側に伝えているようです。

冠岳山腹の産業廃棄物最終処分場の建設をめぐる問題は、法律上のこともさることながら、より地域の問題が深刻です。

地域間の対立、住民同士の対立、自治会の分裂、これらを行政が権力と税金を使って行ったというところに、冠岳山麓の産業廃棄物最終処分場問題の特殊性があります。

薩摩川内市は、この問題の解決のために動かなければならないのに、その気配さえない。

これまでの問題をこれからの問題とする動きは地元行政にはない。

産業廃棄物は都道府県が、一般廃棄物は市町村で対応するというのが国の制度であり、法律もそうなっています。

なのに、薩摩川内市は、計画が出来ているのに実行せず、完成して間もない産業廃棄物最終処分場に運び始めている、この問題もこのままでいいはずはない。

議会が問題にしないことも不思議です。

住民訴訟が起きたから、わからなかった様々な問題がわかってきました。これからもいろいろわかってくることでしょう。

産廃裁判報告会　～薩摩川内市～　2016・10・09

2016年、平成28年10月9日、産廃裁判報告集会が薩摩川内市勝目町の集会施設、セントピアで開かれ、6人の弁護団と地域の人たち数十人が集まりました。

主催者「冠嶽水系の自然と未来の子ども達を守る会」の川畑清明副会長の開会挨拶です。

「もう10年です。最初は県のすることだからと諦めかけたけど、県側に説明を求めたけど、水のことは知らない、科学的知識は無いのに偉そうなことばっかり言う。会うたびに腹が立ち、不信感は増し、これは止めなければ将来大きな禍根を残すことになると、皆さんと立ち上がった」

続いて、同日審理で行われてきた、公金支出差止請求の行政裁判2件についてのこれまでと、これからについての報告です。

産廃裁判報告集会
会場・セントピア
（薩摩川内市勝目町・2016. 10. 9）

最初に白鳥努弁護士が「2カ月後の12月12日午後1時半から、最終の意見陳述が行われます」と次の弁論期日を告げました。

そして、来年、平成29年3月までに判決が出る見通しが述べられ、次のように、感想を語りました。

「伊藤祐一郎前鹿児島県知事への証人尋問は、県職員の証人尋問のあと、裁判所が認めない決定をした。建設地選定や契約変更の不合理さなどは指摘できた。その一方で、行政裁判の難しさを実感した。被告が行政となると、ハードルが高い。裁判所に真摯に認めてもらえるか…」という判決に向けて考えが述べられました。

知事本人の証人尋問の有無は、裁判の行方を判断する上での大きな鍵でした。

次に高橋謙一弁護士が「採算性についてお話しします」と前置きして次のように語りました。

「鹿児島県は、産廃処分場が県内にないから、必要だから作りましょうと言っていた。それには、税金を投入する、作ったあと、維持するのに採算性があるのか、否か。鹿児島県はこの処分場の採算を取るために、（1年間に）4万tの廃棄物を処分する必要がある。4万tを処分しないと採算性が合わない。鹿児島県の立場からしても4万tが必要だということ。じゃ、4万t入るんですかねという話になった時、これは裁判の中で明らかにしました。裁判所の方もひどいなという目で見ていたし、傍聴した方もひどいなと思ったと思いますが、明らかに結論から先にありき、作りたいから作ったのでしょ、ということ。なぜ、作りたかったのか、作ったのかと

いうと、いろいろあるでしょうけど、分かりやすいのは、どこかの企業を助けるためというのが、一番、ありそうな話ですね。というのがこの裁判でわかった話。伊藤知事の責任を追及する、この目的を達している。伊藤知事が（選挙に）落ちない限り、裁判所が差し止めることはあり得ない。この裁判の判決がどう出るのかはともかくとして、たった3人の裁判官に全てを委ねるくらいだったら、皆さん自身が声を掛けて、自分たちの意向に沿った首長や市議会議員を選んで、変えた方がいいですよね。この案件がどうなるか分からないし、明るい展望を持っている訳ではないのですが、ある意味、もう目的は、達しているし、裁判所もたぶん、仮に我々を負けさせるにしても、目的は達していますよねという判決を書くのではないかと思っています」

続いて増田博弁護士が「どうしてこういう所を、しかもここに全国でも重要な霊山がある、近くだった、どうしてこういう所を選んだのかと、というのが最初の考えですよね。裁判で明らかになったのは、採算性が全くなかったと、裁判所で明らかになりましたね。全く県側は明らかに出来なかったというのがありました。しかも、なんで5億円も使うのかと、せいぜい3000万円から7、8000万円あれば足りるところを、5億も掛けなければならなかったのか。

土地収用法の規定を適用してということなんですね。土地収用法を適用するようなものではない。法廷でも私は明らかになったのではないかと私は思うのです。今度はいよいよ産廃の処分場がいかに危険な、害になるような所であるかと、いよいよクライマックスにかかって来るわけです。この事件は、行政訴訟は、差止をバックアップするためにやって、しかも不合理なことをやっていると、選定も、採算性も、補償も全部おかしかったということが裁判では明らかになったと思います。みんなあの法廷を聞いていた人はそう思ったと思います。それでもひょっとすると、相手は行政ですから、この事件は内容的には、こちらが明らかに勝っていたと思うんですね、裁判の場では。しかし、仮に負けたとしても、私と皆さんとの闘いの中で、十分効果を上げたと、思っている、という風に思っている。だからそういうことで、ここまで来て、皆さんと一緒に闘った成果がかなりあがっていると、まだまだ闘いが続くわけですけど、一緒に頑張っていただきたい。今日はそういうことで、行政訴訟がクライマックスに来ましたことのご報告です」

最後に奈川成章弁護士が「7月の証人尋問では、相手方をかなり追い詰めることが出来た。『差止訴訟』については、被告側に作業日報の提出を求めたが、残念ながら裁判所は、却下した」と述べ、これからの焦点になる「差止訴訟」の新たな争点の見通しについて次のように述べました。

「工事が終わってから、公社に出した、打ち合わせ議事録を、ここにいろんな事が出ている。遮水シートが破損しましたというのが、何カ所も出てくる。全部で15、16カ所出てくる。この中身を一部だけ見てみました。ボルトが落ちてシートが破損した。ナットが落ちて破損したというのもあれば、重機が、バックホウが破っちゃった。簡単に穴が開いちゃうことがここで分かって、本当にこれ、大丈夫なの、と。我々は大きな力で不等沈下が起きて破れるんだろうなと思っていた。いずれにしても議事録の中身を裁判所を通じて出させていく、これもまた大変な作業になる」

平成23年6月24日提訴以来26回の弁論、平成25年11月12日提訴以来14回の弁論を重ねてきた2件の公金支出差止請求訴訟は、半年内の来春判決という見通しが弁護団によって示されました。

郵便はがき

料金受取人払郵便

鹿児島東局
承認
300

差出有効期間
平成31年1月
14日まで
切手を貼らずに
お出し下さい

892-8790

168

鹿児島市下田町二九二一一

図書出版
南方新社 行

ふりがな 氏名		年齢　歳 男・女
住所	郵便番号　－	
Eメール		
職業又は学校名		電話（自宅・職場） （　　）
購入書店名 （所在地）		購入日　月　日

書名　(　　　　　　　　　　　　　　　　)愛読者カード

本書についてのご感想をおきかせください。また、今後の企画についてのご意見もおきかせください。

本書購入の動機（○で囲んでください）

A　新聞・雑誌で　（　紙・誌名　　　　　　　　　）

B　書店で　C　人にすすめられて　D　ダイレクトメールで

E　その他　（　　　　　　　　　　　　　　　　）

購読されている新聞，雑誌名

新聞　（　　　　　　　　）　雑誌　（　　　　　　　　）

直接購読申込欄

本状でご注文くださいますと、郵便振替用紙と注文書籍をお送りします。内容確認の後、代金を振り込んでください。（送料は無料）		
書名		冊
書名		冊
書名		冊
書名		冊

ともあれ、産廃処分場で税金の使い方、つまり「公金支出」の差止請求訴訟というのは、これまで聞いたことのないことでした。その裁判が正月過ぎて、春には判決の見通しとなりました。

法定ではいよいよ、「建設、使用、操業」の差止請求訴訟、産廃問題の本筋の論争が山場に向けて展開されることになります。

場所の選定、工事のあり方、冠岳下流域市街地の安心安全、霊峰によせる地域の心情、信仰、未来の子ども達への思いまで、空間的にも歴史的にも規模の大きい論争に司法がどのような判断を示すのか、ますます目が離せない展開となります。

『知事との闘い』以後のミツロー通信を『川内産廃の闇』としてまとめました。出版の運びになった事につきましては、複雑な内容に加え、誤字脱字の多い原稿を忍耐強く編集、校正、製本へ努力を重ねてくださった南方新社の皆様と向原祥隆社長には深く敬意を表し、感謝申し上げます。

2016年、平成28年10月10日

■著者紹介

森永満郎（もりなが・みつろう）

昭和16年5月、南さつま市笠沙町野間池生まれ。昭和35年、加世田高校卒業。昭和40年、鹿児島大学卒業。同年6月、豊前炭鉱入鉱。同年11月NHK入局。以来、鹿児島・志布志、宮崎・小林、佐賀・伊万里、福岡・飯塚、鹿児島・川内の各通信部に勤務。平成13年定年退職、引き続き契約職員。平成15年、NHK職員契約終了。同年8月、ミツロー事務所設立。

主な著書『市町村合併裏話』（平成15年）、『平成16年夏・鹿児島 知事選挙』（平成16年）、『いいのか！市町村合併』（平成16年）、『合併3年の記録・薩摩川内市』（平成19年）、『合併4年目・薩摩川内市』（平成20年）、『知事との闘い』（平成23年）、『原発城下町』（平成28年）

川内産廃の闇
―知事、市長、経済界の裏側を裁判が照らす―

二〇一七年二月二十日　第一刷発行

著　者　森永満郎
発行者　向原祥隆
発行所　株式会社 南方新社
〒八九二―〇八七三
鹿児島市下田町二九二―一
電話 〇九九―二四八―五四五五
振替口座 〇二〇七〇―三―二七九二九
URL http://www.nanpou.com/
e-mail info@nanpou.com
印刷・製本　株式会社イースト朝日
定価はカバーに表示しています
乱丁・落丁はお取り替えします
ISBN978-4-86124-352-3 C0031